I. PETKOFF und C. ELSTNER

Bestimmung der Schweredifferenz zwischen Potsdam und Sofia mit Pendelapparaten

БОЛГАРСКАЯ АКАДЕМИЯ НАУК

Труды Центральной лаборатории геодезии

№ 8

ОПРЕДЕЛЕНИЕ РАЗНИЦЫ СИЛЫ ТЯЖЕСТИ МЕЖДУ ПОТСДАМОМ И СОФИЕЙ ПРИ ПОМОЩИ МАЯТНИКОВЫХ АППАРАТОВ

И. ПЕТКОВЫМ и К. ЭЛСТНЕРОМ
София Потсдам

Совместная работа Болгарской Академии наук в
Софии и Германской Академии наук в Берлине

Академическое издательство
Берлин, 1962

DEUTSCHE AKADEMIE DER WISSENSCHAFTEN ZU BERLIN

Veröffentlichungen des Geodätischen Instituts in Potsdam

Nr. 21

BESTIMMUNG DER SCHWEREDIFFERENZ ZWISCHEN POTSDAM UND SOFIA MIT PENDELAPPARATEN

Von

I. PETKOFF und C. ELSTNER

Sofia Potsdam

Gemeinschaftsarbeit der Bulgarischen Akademie der Wissenschaften zu Sofia
und der Deutschen Akademie der Wissenschaften zu Berlin

AKADEMIE-VERLAG · BERLIN

1962

Erschienen im Akademie-Verlag GmbH, Berlin W 8, Leipziger Straße 3—4

Lizenznummer: 202 · 100/557/62
Gesamtherstellung: VEB Druckerei „Thomas Müntzer" Bad Langensalza
Bestellnummer: 2016/21 · ES 19 C · Preis: DM 24,—

INHALT
СОДЕРЖАНИЕ

VORWORT

Im Rahmen der Zusammenarbeit zwischen der Bulgarischen Akademie der Wissenschaften in Sofia und der Deutschen Akademie der Wissenschaften zu Berlin wurden in der Zeit von Oktober 1958 bis Januar 1959 relative Pendelmessungen in Potsdam und Sofia durchgeführt, um den Schwereunterschied zwischen diesen beiden Orten zu bestimmen. Diese Messungen sind von Prof. Dr. Wl. Hristov, Mitglied der Bulgarischen Akademie der Wissenschaften in Sofia und Direktor des Zentrallaboratoriums für Geodäsie dieser Akademie angeregt worden und stellen einen Beitrag zur Maßstabbestimmung des Internationalen Schwerenetzes dar. Die Ausführung oblag dem Zentrallaboratorium für Geodäsie der Bulgarischen Akademie der Wissenschaften, der Staatlichen Geologischen Verwaltung in Sofia und dem Geodätischen Institut Potsdam der Deutschen Akademie der Wissenschaften zu Berlin.

Von bulgarischer und deutscher Seite wurde je ein Meßtrupp mit dem notwendigen Instrumentarium ausgerüstet, so daß die Beobachtungen unabhängig voneinander durchgeführt werden konnten. Auf der Grundlage eines gemeinsamen Beobachtungsprogramms hat der bulgarische Meßtrupp in der Stationsfolge Sofia—Potsdam—Sofia beobachtet, während die deutschen Messungen in der Reihenfolge Potsdam—Sofia—Potsdam ausgeführt worden sind. In der folgenden Arbeit werden die Ergebnisse dieser Beobachtungen ihre Genauigkeit, die benutzten Meß- und Auswertemethoden mitgeteilt.

Den Herren Doz. I. Petkoff von der Staatlichen Geologischen Verwaltung in Sofia, und Dipl.-Met. Cl. Elstner vom Geodätischen Institut Potsdam der Deutschen Akademie der Wissenschaften zu Berlin, welche die Messungen vorbereitet und durchgeführt, sowie die Auswertung geleitet und zum erfolgreichen Abschluß gebracht haben, gebührt unser besonderer Dank.

Wir danken darüber hinaus allen, welche zum Gelingen des Werkes beigetragen haben. Von den Mitarbeitern des Geodätischen Instituts Potsdam insbesondere dem Mechaniker Herrn H. Mittmann, der bei den deutschen Messungen assisstiert und die Geräte instand gehalten hat, Fräulein Dipl.-Geophys. R. Schwarzberg, die sich an den Anschlußmessungen und Konstantenbestimmungen in Potsdam, sowie an den Auswertearbeiten beteiligt hat, den technischen Rechnern Herrn G. Beerbaum und Fräulein C. Rahmsdorf, den technischen Kräften Herrn O. Krzossa und Frau L. Weissbach des Zeitdienstes für die Signalaufnahmen, und Frau Kramp, welche die zahlreichen Tabellen für den Offsetdruck vorbereitet hat. Von bulgarischer Seite sind Fräulein M. Arsova und Herr Dipl.-Ing. A. Wenedikoff zu nennen, die an den Auswertearbeiten beteiligt waren.

Prof. Dr. Wl. Hristov
Mitglied d. Bulg. Akad. d. Wiss. in Sofia,
Direktor des Zentrallaboratoriums
für Geodäsie

Dipl.-Ing. Joftscheff
Mitglied d. Bulg. Akad. d. Wiss. in Sofia,
Direktor des Geologischen Instituts,
Direktor der Staatl. Geolog. Verwaltung

Prof. Dr. K. Reicheneder
Direktor des Geod. Instituts Potsdam
d. Deutschen Akad. d. Wiss. zu Berlin

ПРЕДИСЛОВИЕ

В рамках совместной работы между Болгарской Академией наук в Софии и Германской Академией наук в Берлине в период с октября 1958 г. по январь 1959 г. были произведены релятивные маятниковые измерения в Потсдаме и в Софии для определения разницы силы тяжести между этими местами. Работы были предприняты по инициативе проф. д-ра В. Христова, действительного члена Болгарской Академии наук в Софии и директора Центральной геодезическои лаборатории той же Академии, и представляют вклад в определение эталона международной гравиметрической сети. Работа производилась Центральной лабораторией геодезии Болгарской Академии наук, Государственным геологическим управлением в Софии и Геодезическим институтом в Потсдаме Германской Академии наук в Берлине.

Болгарская и германская стороны оснастили необходимым инструментарием по одной измерительной группе, так что наблюдения могли производиться независимо одни от других. На основании общей программы наблюдений болгарская измерительная группа наблюдала на станциях в порядке София—Потсдам—София, а германские измерения были произведены в порядке Потсдам—София—Потсдам. В настоящем труде излагаются результаты этих измерений, степень их точности, примененные методы измерения и вычисления.

Товарищам доц. И. Петкову из Государственного геологического управления в Софии и дипл. мет. К. Эльстнеру из Геодезического института в Потсдаме Германской Академии наук в Берлине, которые подготовили и выполнили измерения, а также произвели вычисления и довели все дело до успешного конца, высказываем нашу особую благодарность.

Высказываем, кроме того, сердечную благодарность всем лицам, содействовавшим успеху дела: из сотрудников Института геодезии в Потсдаме, в особенности механику тов. Х. Митманну, который ассистировал при германских измерениях и содержал в порядке аппараты; тов. дипл. геоф. Р. Шварцберг, которая принимала участие в измерениях и определениях констант в Потсдаме и в вычислительных работах; техническим вычислителям тов. Г. Беербаум и Ц. Рамсдорф; техническим силам тов. О. Крзоса и Л, Вейсбах из Службы времени за прием сигналов и тов. Крамп, подготовившей множество таблиц к печати на офсетной машине. С болгарской стороны следует отметить тов. М. Арсову и дипл. инж. тов. А. Венедикова, принимавших участие в вычислительных работах.

Проф. д-р В. Христов
действ. член Болгарской Академии наук в Софии, директор Центральной геодезической лаборатории Болгарской Академии наук

Дипл. инж. Й. Йовчев
действ. член Болгарской Академии наук в Софии, директор Государственного геологического управления

Проф. д-р К. Рейхенедер
Директор геодезического института в Потсдаме Германской Академии наук в Берлине

A. BESCHREIBUNG DER GERÄTE UND DER MESSMETHODE

1. Instrumentarium

1a. Deutsche Apparatur

Die deutschen Pendelbeobachtungen wurden mit dem Vierpendel-Topfapparat des Geodätischen Instituts Potsdam (Abb. 1a) ausgeführt. Eine Beschreibung dieses Gerätes, das vor etwa 25 Jahren in der Werkstatt des Institutes von P. FECHNER gebaut wurde, findet man in [1]. Zu dem Gerät gehören zwei Sätze vergoldeter Invar-Halbsekundenpendel (A und B) der STERNECKschen T-Form mit Achatschneiden. Die Auflager im Pendelapparat sind ebenfalls aus Achat gefertigt. Zur Bestimmung von Temperatur und Luftdruck im Inneren des Gerätes dienen ein Quecksilberthermometer und ein verkürztes Quecksilberbarometer mit einem Meßbereich von 200 Torr. Arretierung und Einstellung der Anfangsamplitude wird für jedes Pendel getrennt vorgenommen. Der das Gerät umgebende Ring ermöglicht durch Wegschlagen der vier Amplitudenhebel den synchronen Beginn der Pendelbewegung.

Abb. 1a. Der Potsdamer Vierpendel-Topfapparat

Abb. 2a. Das Potsdamer Registriergerät

Des weiteren konnte ein vom Institut für Bodendynamik und Erdbebenforschung in Jena entliehener Vierpendel-Haubenapparat mit einem Satz Invar-Halbsekundenpendel der STÜCKRATHschen Korbform (C) für diese Messungen eingesetzt werden. Die mit diesem Gerät erzielten Ergebnisse sind durch zahlreiche sprunghafte Veränderungen in den Schwingungszeiten der Pendel verfälscht, so daß sie für die Ableitung der Schweredifferenz Potsdam—Sofia nicht benutzt werden können. Die Ursachen dieser Instabilitäten liegen vermutlich bei den Pendelschneiden. Als nämlich nach Abschluß der Messungen die Achatschneiden der Pendel des Satzes C ausgebaut wurden, zeigten sich an den Rückflächen der Schneidenkörper verschiedentlich größere Ausbrüche, so daß eine sichere Anlage am Pendel nicht mehr gewährleistet war. Die Pendel wurden mit neuen Schneiden versehen, die an drei Stellen unterbrochen sind. Die Pendel zeigen seitdem ein normales Verhalten.

Die Schwingungszeiten der Pendel werden aus den photographischen Registrierungen ihrer Nullphasen bestimmt. Der Aufbau des Registriergerätes entspricht weitgehend dem in [2] ausführlich beschriebenen Gerät der Askania-Werke, dessen Funktionsprinzip 1935 von H. SCHMEHL und P. FECHNER im Geodätischen Institut Potsdam entwickelt wurde. Der sekundliche Papiervorschub beträgt 17 cm. Zwei Spiegelgalvanometer, deren Stromempfindlichkeiten bei 10^{-7} Amp/mm/m liegen, übertragen die Zeitimpulse und die Maßstabsfrequenz (50 Hz). Bei den Messungen in Potsdam fanden spannungsfreie Quarzuhrkontakte Verwendung. Die Sofioter Beobachtungen wurden mit den Signalen des Senders DIZ (4525.0 kHz) ausgeführt, die gleichzeitig vom Zeitdienst des Potsdamer Geodätischen Institutes empfangen und mit mehreren Quarzuhren verglichen wurden. Entsprechend den Ergebnissen dieser Vergleiche konnten die Sofioter Messungen reduziert werden. Die durch Änderungen der Länge des Ausbreitungsweges der elektromagnetischen Wellen verursachten Zeitfehler sind ihrer Kleinheit wegen außer Acht gelassen worden. Der Gang der für die Messung benutzten Potsdamer Quarzuhr war kleiner als 5 ms/d.

An beiden Stationen wurden die Pendelgeräte so aufgestellt, daß die Pendelschwingungsebenen einen Winkel von $\pm 45°$ mit der Ebene des magnetischen Meridians bildeten. Die Horizontierung der Pendellager erfolgte bei jeder Neuaufstellung der Geräte mit einer Genauigkeit von $\pm 15''$.

1b. Bulgarische Apparatur

Die bulgarischen Messungen sind mit einem Askania-Vierpendelapparat Baujahr 1939, Abb. 1b, vollzogen worden.

Die vier Halbsekundenpendel STÜCKRATHscher Form besitzen Achatschneiden. Zur Temperatur- und Luftdruckbestimmung im Inneren des Gerätes dienen ein Quecksilberthermometer und ein U-förmiges Quecksilberbarometer mit einem Meßbereich von 150 Torr.

Die Pendel werden synchron in Gang gesetzt. Die Schwingungszeiten der Pendel werden aus den

Abb. 1b.
Der Sofioter Vierpendel-Haubenapparat

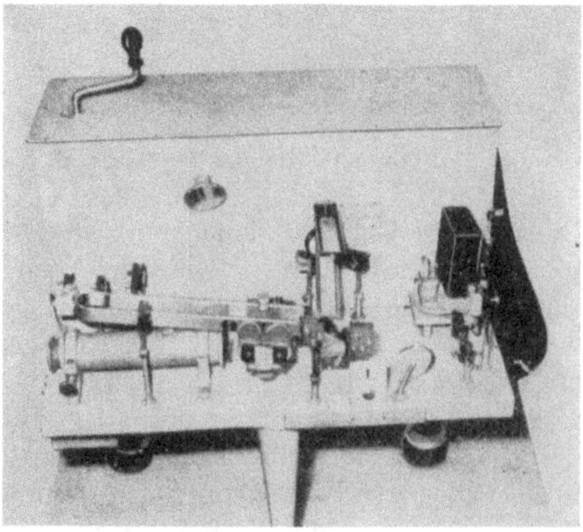

Abb. 2b.
Das Sofioter Registriergerät

photographischen Registrierungen der Nullphasen bestimmt. Der Aufbau des Registriergerätes, Abb. 2b, wurde von dem Mechanikermstr. P. FECHNER am Geodätischen Institut

Potsdam vor etwa 20 Jahren ausgeführt. Die Umlaufgeschwindigkeit der Trommeloberfläche beträgt 5 cm/s.

Die Zeitmarken werden mit einem Ticker (Spule mit beweglichem Eisenkern), der mit dem Funkempfänger verbunden ist, über ein System optischer Spiegel registriert.

Auf dem Registrierpapier wird die Maßstablinie einer elektro-magnetisch bewegten 40 Hz-Stimmgabel aufgezeichnet.

Alle Beobachtungen wurden mit den rhythmischen Zeitsignalen des Senders DIZ (4525,0 kHz) ausgeführt.

Die Pendelapparatur wurde in Sofia und Potsdam so auf die Meßpfeiler gestellt, daß die Pendelschwingungsebenen einen Winkel von 45° mit der Ebene des magnetischen Meridians im entsprechenden Punkte einschließen.

Tabelle 1a

Die zeitliche Anordnung der deutschen Messungen

Nr.	Potsdam I			Nr.	Sofia			Nr.	Potsdam II		
	Datum	Meßdauer	Satz		Datum	Meßdauer	Satz		Datum	Meßdauer	Satz
1	27.X.58	6	A	1	18.XI.	6	A	1	11.XII.	6	A
2	27.	3	A	2	18.	3	A	2	11.	3	A
3	27./28.	10	A	3	18./19.	10	A	3	11./12.	10	A
4	28.	4	A	4	19.	6	A	4	12.	6	A
5	28.	3	A	5	19.	3	A	5	12.	2	A
6	28./29.	10	A	6	19./20.	10	A	6	12./13.	10	A
7	29.	6	B	7	20.	6	B	7	13.	6	B
8	29.	3	B	8	20.	3	B	8	13.	3	B
9	29./30.	10	B	9	20./21	10	B	9	13./14.	10	B
10	30.	6	B	10	21.	6	B	10	15.	6	B
11	30.	3	B	11	21.	3	B	11	15.	3	B
12	30./31.	10	B	12	21./22.	10	B	12	15./16.	10	B
	Messungen mit Satz C				Messungen mit Satz C				Messungen mit Satz C		
19	3.XI.	6	A	18	25.	6	A	19	18.	6	A
20	3.	3	A	19	25.	3	A	20	18.	3	A
21	3./4.	10	A	20	25./26.	10	A	21	18./19.	10	A
22	4.	6	A	21	26.	6	A	22	19.	6	A
23	4.	3	A	22	26.	3	A	23	19.	3	A
24	4./5.	10	A	23	26./27.	10	A	24	19./20.	10	A
25	5.	6	B	24	27.	6	B	25	3.I.59	6	A
26	5.	3	B	25	27.	3	B	26	3.	3	A
27	5./6.	10	B	26	27./28.	10	B	27	3./4.	10	A
28	6.	6	B	27	28.	6	B	28	5.	6	A
29	6.	3	B	28	28.	3	B	29	5.	3	A
30	6./7.	10	B	29	28./29.	10	B	30	5./6.	10	A
	Messungen mit Satz C				Messungen mit Satz C			31	6.	4	B
								32	6.	3	B
								33	6./7.	10	B
				39	3.XII.	6	A	34	7.	6	B
				40	3.	3	A	35	7.	3	B
				41	3./4.	10	A	36	7./8.	10	B
									Messungen mit Satz C		

.... Pendel eingehängt

———— Apparat aufgestellt und Pendel eingehängt

Registrierzeiten bei
- 3-stündigen Messungen: 19h—21h—22h
- 6-stündigen Messungen: 13h—15h—17h—19h [MEZ]
- 10-stündigen Messungen: 23h—09h

Die Amplituden der Pendel wurden visuell beobachtet. Die Horizontierung der Pendel erfolgte mit einer Genauigkeit von 15″.

2. Meßprogramm

2a. Deutsche Messungen

In Tabelle 1a ist das Schema der ausgeführten Messungen angegeben. Diese zeitliche Anordnung ist für die bulgarischen und die deutschen Messungen verbindlich gewesen. Die zwischen beiden Beobachtungsreihen auftretenden Differenzen in den Registrierzeiten sind im wesentlichen durch die variable Qualität der empfangenen Zeitsignale bedingt. Jede Messung, die vom Anstoßen bis zum Anhalten der Pendel gezählt wird, enthält zwei oder mehr Registrierzeiten zu je zwei Registrierterminen. Die Termine liegen um zwei bis vier Minuten auseinander. Sie enthalten 15 bis 20 Sekunden um die volle Minute herum. In der Zeit zwischen den Terminen werden die Pendelamplituden photographiert.

2b. Bulgarische Messungen

Die zeitliche Folge der bulgarischen Messungen zeigt Tabelle 1b. Wesentliche Abweichungen vom gemeinsamen Programm treten während der dritten Meßperiode auf (Sofia II). Die Pendel werden jeden Tag neu eingehängt. Die Mitschwingkonstante wird ebenfalls täglich bestimmt.

Eine Registrierung dauert gewöhnlich eine ganze Minute zwischen zwei Minutenmarken.

Tabelle 1b

Die zeitliche Anordnung der bulgarischen Messungen

Nr.	Sofia I		Nr.	Potsdam I		Nr.	Sofia II	
	Datum	Meßdauer		Datum	Meßdauer		Datum	Meßdauer
1	3.XI.58	6	1	2.XII.58	6	1	2.I.59	3
2	3.	3	2	3.	6	2	3.	4
3	3./4.	10	3	3.	3	3	3.	3
4	4.	6	4	4.	6	4	5.	3
5	4.	3	5	4./5.	10	5	5.	3
6	4./5.	10	6	5.	6	6	5./6.	10
7	5.	6	7	5.	3	7	6.	4
8	5.	3	8	5./6.	10	8	7.	6
9	6.	6	9	6.	6	9	7.	10
10	8.	3	10	6.	3	10	8.	6
11	12.	3	11	6.	10	11	8.	3
12	12./13.	10	12	8.	6	12	8./9.	10
13	13.	4	13	8.	3	13	9.	3
14	13./14.	10	14	8./9.	10			
			15	9.	6			
			16	9.	3			
			17	10.	5			
			18	10./11.	10			
			19	11.	4			

	3-	20^h—22^h—23^h	
Registrierzeiten bei	6-stündigen Messungen	14^h—16^h—18^h—20^h	[OEZ]
	10-	23^h—09^h	

3. Auswertung der photographischen Registrierungen

3a. Deutsche Messungen

Aus jeder Registrierung eines Termines werden acht aufeinanderfolgende Pendelgruppen mit den zugehörigen fünf Sekundenmarken ausgewertet. Man erhält die Differenz zwischen mittlerem Extremum der Pendelschwingung und mittlerer Zeitsekunde in Zählfrequenzperioden. Mit einem Näherungswert für die Schwingungszeit kann man die Zählfrequenzperiode hinreichend genau in Sekunden umrechnen. Der mittlere Fehler einer Lagebestimmung der Pendel- oder Sekundenmarken gegen die Zählfrequenz liegt bei 1 ms. Dieser Wert entspricht $5 \cdot 10^{-2}$ Zählfrequenzperioden oder 0,17 mm auf dem Registrierfilm. Infolge der Mittelbildung erhält man die Differenz zwischen Pendelextremum und Sekundenmarke mit einer Genauigkeit von etwa $\pm 6 \cdot 10^{-4}$ s. Zur Bestimmung der Pendelschwingungszeit werden zwischen den ausgewerteten Zeitpunkten der mittleren Pendelextrema einer Messung folgende Differenzen gebildet:

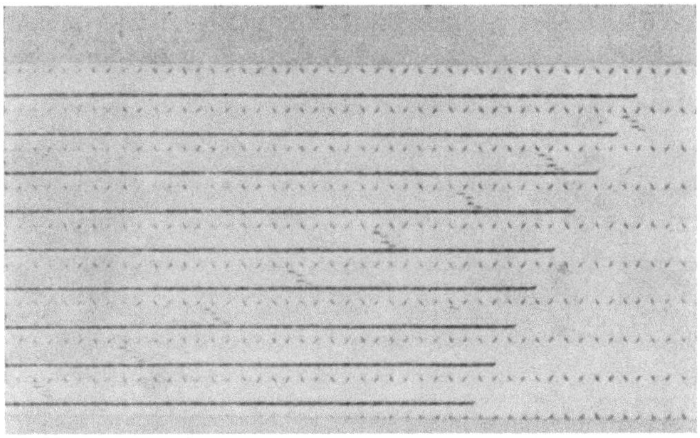

Abb. 3a. Ausschnitt aus einem deutschen Registrierfilm

$$\left.\begin{matrix} t_2^k - t_1^i \\ t_1^k - t_2^i \end{matrix}\right\} \quad \text{für } 1 \leqq i < k \leqq N;\ i, k \text{ ganz},$$

wo N die Anzahl der Registrierzeiten der Messung bedeutet. Der untere Index bei t gibt den Registriertermin, der obere die Registrierzeit an. Die beiden für konstantes i und k resultierenden Schwingungszeiten werden schließlich gemittelt, so daß der mittlere Fehler der beobachteten Schwingungszeit zu

$$m_{T_B} = \pm \frac{6 \cdot 10^{-4}}{n} \quad [\text{s}]$$

folgt, wo n die Anzahl der Pendelschwingungen bedeutet. Um eine Genauigkeit von $5 \cdot 10^{-8}$ s in der Schwingungszeit zu erreichen, ist eine Meßzeit von wenigstens 100 min erforderlich. Bei den Beobachtungen mit drahtlosen Zeitsignalen wird die Zeitkorrektur vor Berechnung der Schwingungsdauer an den obigen t-Werten angebracht. Nimmt man für jeden ausgewerteten Zeitpunkt eine mittlere Signalunsicherheit von 1 ms an, so vergrößert sich der angegebene Fehler:

$$m_{T_B} = \pm \frac{15 \cdot 10^{-4}}{n} \quad [\text{s}].$$

Für eine sechsstündige Messung bekommt man damit $m_{T_B} = \pm 3 \cdot 10^{-8}$ s.

3b. Bulgarische Messungen

Bei jeder Registrierung werden acht aufeinanderfolgende Pendelgruppen mit den zugehörigen fünf Sekundenmarken ausgewertet. Man erhält die Differenz zwischen dem mittleren Extremum jedes Pendels und der mittleren Sekundenmarke in Zählfrequenzperioden.

Mit einem Näherungswert für die Schwingungszeit kann man die Zählfrequenzperiode hinreichend genau in Sekunden umrechnen.

Der mittlere Fehler einer Lagebestimmung der Pendel oder Sekundenmarken gegen die Zählfrequenz liegt bei 1,25 ms. Dieser Wert entspricht $5 \cdot 10^{-2}$. Zählfrequenzperioden oder etwa 0,06 mm auf dem Registrierfilm.

Die Differenz zwischen Pendelextremum und Sekundenmarke bekommt man bei Verwendung eines Auswertungsgerätes nach v. Oppolzer mit einer Genauigkeit von etwa $12{,}5 \cdot 10^{-4}$ s.

Die Schwingungszeiten wurden aus den Differenzen zwischen den Zeitpunkten der mittleren Pendelextrema entsprechender Registrierungen errechnet. Diese Differenzen dividiert durch die ungefähren Schwingungszeiten der Pendel, 0.492 s, ergeben die Anzahl der Schwingungen im beobachteten Intervall mit einer Unsicherheit von etwa ± 0.2 Schwingungen. Wenn wir die Differenz durch die Zahl der Pendelschwingungen dividieren, erhalten wir den Wert der beobachteten Schwingungszeiten. Die Fehler der Schwingungszeiten betragen für eine sechsstündige Messung bei einer mittleren Zeitsignalunsicherheit von 1 ms etwa 5—$6 \cdot 10^{-8}$ s.

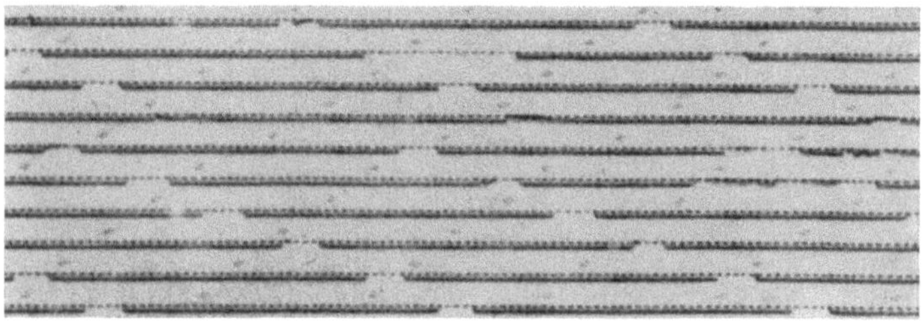

Abb. 3b. Ausschnitt aus einem Registrierfilm

Man muß auch noch bemerken, daß die Sekundenablesungen wegen der Funkstörungen in einigen Fällen nicht mit der nötigen Genauigkeit vorzunehmen waren. Dadurch wird die Streuung der beobachteten Schwingungszeiten der Pendel, wie sie aus der beiliegenden Tabelle ersichtlich ist, zum Teil verursacht.

4. Reduktion der beobachteten Schwingungszeiten

4a. Deutsche Messungen

4a 1. Amplitudenreduktion

Die vorliegenden Messungen sind auf eine mittlere Amplitude von 20′ reduziert worden. Die Bordasche Reduktionsformel lautet dann:

$$(\Delta T_a)_{20'} = \left[1846 - \frac{\varphi_0^2 - \varphi_t^2}{\log \frac{\varphi_0}{\varphi_t}}\right] 11.48 \cdot 10^{-10}\, T_0 \qquad [10^{-7}\,\mathrm{s}]$$

oder in entwickelter Form:

$$(\Delta T_a)_{20'} \approx \left[400 - \left(\frac{\varphi_0 + \varphi_t}{2}\right)^2 \left(1 - \frac{1}{3}\left(\frac{\varphi_0 - \varphi_t}{\varphi_0 + \varphi_t}\right)^2 - \frac{4}{45}\left(\frac{\varphi_0 - \varphi_t}{\varphi_0 + \varphi_t}\right)^4\right)\right] 5.29 \cdot 10^{-9}\, T_0 \,.$$

Hierin bedeuten: φ_0, φ_t Anfangs- und Endamplituden in Winkelminuten, T_0 Schwingungszeit bei unendlich kleiner Amplitude und log . . . den Briggschen Logarithmus. Bei der Anwendung dieser Reduktionsformeln ist zu beachten, daß die Amplitudenabnahme in geometrischer Progression erfolgen muß. Da jedoch bei allen Messungen die gleichen Anfangsamplituden benutzt wurden, und auf allen Stationen dasselbe Meßprogramm befolgt wurde, werden kleine Abweichungen von diesem Dämpfungsgesetz lediglich konstante Fehler bewirken, die nicht den Wert der gemessenen Schweredifferenz verfälschen.

Für den mittleren Fehler der Amplitudenkorrektur kann man

$$m_{\Delta T_a} = \pm m_\varphi T_0 \, 7.45 \cdot 10^{-9} \sqrt{\frac{(\varphi_0 + \varphi_t)^2}{4} + \frac{1}{9} \frac{(\varphi_0 - \varphi_t)^2}{4}}$$

schreiben, wenn m_φ den mittleren Fehler der Amplitudenmessung darstellt. Aus der Ableseunsicherheit der photographierten Pendelamplituden ergibt sich

$$m_\varphi = \pm 0.2' .$$

Für die drei-, sechs- und zehnstündigen Messungen gelten die mittleren Anfangs- und Endamplituden:

Meßzeit	φ_0 [']	φ_t [']	$m_{\Delta Ta}$ [10^{-8} s]
3	45	32	± 2.9
6	45	23	± 2.6
10	45	14	± 2.3

Für die mittlere Meßzeit von sechs Stunden ist die Amplitudenkorrektur um $\pm 2.6 \cdot 10^{-8}$ s unsicher.

4a 2. Reduktion auf Normalwerte der Temperatur und des Druckes

Für die Abhängigkeit der beobachteten Schwingungszeit von Temperatur und Druck gilt

$$T_B = T_0 + a\,(t - 15°) + b\,d + c\sqrt{p};$$

a, *b* und *c* sind die Temperatur- und Druckkonstanten, *t* ist die Temperatur in °C, *p* der Luftdruck in Torr und

$$d = \frac{0.36\,p}{(273{,}16 + t)} \quad \text{die relative Dichte.}$$

Die Temperatur-Druckreduktion ist damit:

$$\Delta T_{t,p} = -a\,(t - 15°) - b\,d - c\sqrt{p} .$$

Die empirisch bestimmten Konstanten der acht Pendel sind in Tabelle 2a angegeben.

Tabelle 2a.

Die Temperatur- und Druckkonstanten

Satz	Pendel 1	2	3	4
		a [10^{-7} s/°C]		
A	1.96 ± 0.02	1.71 ± 0.04	0.12 ± 0.03	0.49 ± 0.02
B	1.82 ± 0.02	1.69 ± 0.02	2.28 ± 0.04	2.55 ± 0.03
		b [10^{-7} s]		
A	928 ± 45	1216 ± 99	1124 ± 61	1010 ± 46
B	736 ± 65	834 ± 74	792 ± 134	807 ± 107
		c [10^{-7} s/(Torr)$^{1/2}$]		
A	2.04 ± 0.39	0.18 ± 0.87	0.26 ± 0.54	1.11 ± 0.41
B	3.78 ± 0.60	2.90 ± 0.68	3.33 ± 1.24	3.30 ± 0.99

Der Einfluß der Konstanten *c* auf die Präzision der Temperatur- und Druckreduktion wird erst dann spürbar, wenn das benutzte Druckintervall sehr groß wird.

Die Genauigkeit der Temperatur-Druckreduktion hängt sowohl von der Genauigkeit der Konstanten als auch von den Fehlern der Temperatur- und Druckmessung ab. Für die Abschätzung des Fehlereinflusses der Konstanten legen wir die Mittelwerte von Temperatur und Druck an den Stationen zugrunde:

	Temp.	[°C]	Druck	[Torr]
Potsdam	16.0	16,0	8.0	7.4
Sofia	16.6	16.8	8.8	8.3
Pendelsatz	A	B	A	B

Für die Temperatur-Druckreduktion können wir in guter Näherung

$$\Delta T_{t,p} = - a\,(t - 15°) - p\,1.25 \cdot 10^{-3}\, b - \sqrt{p}\, c$$

schreiben.

Mit den angegebenen systematisch wirksamen Fehlern der Konstanten sind in den Schweredifferenzen folgende Unsicherheiten zu erwarten:

Pendelsatz	A	B
	± 0.03 mGal	± 0.06 mGal

Diese Werte liegen innerhalb der aus der Streuung aller Beobachtungen errechneten mittleren Fehler. Die Unsicherheit der Temperatur-Druckkonstanten verursacht keine nachweisbare systematische Verfälschung des Endresultates.

Für die zufälligen Beobachtungsfehler in den Temperatur- und Druckwerten setzen wir $m_t = \pm 0.1$ °C und $m_p = \pm 0.2$ Torr, so daß sich der mittlere Fehler der Temperatur-Druckreduktion

$$m_{\Delta T_{t,p}} = \pm \sqrt{a^2 m_t^2 + \left(1.25 \cdot 10^{-3}\, b + \frac{c}{2\sqrt{p}}\right)^2 m_p^2}$$

zu $\pm 3.2 \cdot 10^{-8}$ s für Satz A und zu $\pm 3.8 \cdot 10^{-8}$ s für Satz B ergibt.

4a 3. Reduktion auf starres Stativ

Unter der Voraussetzung, daß die beim Schwingen eines Pendels auftretenden elastischen Verschiebungen des Drehpunktes in gleicher Größe und Richtung am gegenüberliegenden Pendellager wirksam sind, gelten die bekannten FURTWÄNGLER-SCHMEHLschen Reduktionsgleichungen für das i-te Pendel [4]:

$$(\Delta T_M)_i = -\gamma \left(1 + \frac{(a_{ki}\cos\varphi_{ki})_{t_1} + (a_{ki}\cos\varphi_{ki})_{t_2}}{2}\right) + \frac{\gamma\,\pi^2}{12\,T^4}(T_k - T_i)\,[(T_k - T_i)\,a_{ki} + \gamma\,(3\,a_{ki}^2 - 1)]\,(t_1 - t_0)^2 .$$

Es bedeuten:

$a_{ki} = \frac{a_k}{a_i}$ das Amplitudenverhältnis,

$\varphi_{ki} = \varphi_k - \varphi_i$ die Phasendifferenz,

$T_{k,i}$ Schwingungszeit auf starrem Stativ,

γ die Mitschwingkonstante und t_0, t_1 die Zeitpunkte des Beginnes und des Endes der Messung. Die im zweiten Glied der Formel enthaltenen Anplitudenverhältnisse sind im Zeitpunkt $t = t_A$ zu bilden, wo die Phasendifferenz $\varphi_{ki} = \pi$ ist. Die Indizes i, k erhalten die Werte 1, 2 oder 3, 4. Diese Reduktionsformeln gelten in der Umgebung des Punktes t_A, in der $a_{ki} \cos \varphi_{ki}$ als quadratische Funktion der Zeit aufgefaßt werden kann.

Für die nach dem Zweipendelverfahren zu bestimmende Konstante gilt bekanntlich [3, 5]:

$$\gamma = a_{ik} \frac{T^2}{\pi t} \left(1 + \left(\frac{\pi t}{T^2}\right)^2 \frac{(T_i - T_k)^2}{24}\right) \approx a_{ik} \frac{T^2}{\pi t},$$

dabei ist t die Meßzeit in Sekunden, a_i die Amplitude des getriebenen Pendels und a_k die des treibenden Pendels. Bei den vorliegenden Messungen ist der Mitschwingeinfluß mittels dieser Reduktionsformeln eliminiert worden. Bei Meßzeiten unter fünf Stunden ist das quadratische Glied vernachlässigt worden. Der mittlere Fehler der Mitschwingreduktion wird im wesentlichen durch die Ungenauigkeit der γ-Werte bedingt, deren relativer Fehler bei 10% liegt. Die Größe der Mitschwingreduktion des Einzelpendels liegt bei $2 \cdot 10^{-7}$ s, so daß deren mittlerer Fehler $m_{\Delta T_M} = \pm 2 \cdot 10^{-8}$ s beträgt. In den Schwingungszeiten der Pendelpaare wirkt sich dieser Fehler jedoch nicht aus.

4a 4. Reduktion auf konstante magnetische Vertikalintensität

Wegen des geringen Unterschiedes zwischen den Vertikalintensitäten der beiden Meßpunkte ist auf eine Kompensation dieser Größe verzichtet worden. Die Werte der Komponenten des magnetischen Feldes auf den Meßpfeilern der beiden Stationen wurden mit einer Fanselauschen Fadenwaage, die auf Niemegker Bezugswerte eingestellt ist, bestimmt. Es ergaben sich folgende Zahlenwerte:

	Z	H
Potsdam	42800	17050
Sofia	40300	23400

Die Genauigkeit dieser Werte liegt bei $\pm 50\,\gamma$. Die Messungen in Sofia waren durch technische Felder starker zeitlicher Varianz erschwert. Der Unterschied der Vertikalintensitäten an beiden Stationen ist mit hinreichender Genauigkeit

$$Z_P - Z_S = 2500\,\gamma = -\Delta Z\,.$$

Die Vertikalkomponente des Magnetfeldes modifiziert die Schwingungszeit der Pendel bekanntlich gemäß [6]:

$$T(Z) = A\,Z^2 + B\,Z + C\,,$$

wo die Konstante A von der magnetischen Induktion der Pendel abhängt, B sowohl induktive als auch permanente und remanente Anteile enthält und C ausschließlich durch den permanenten und remanenten Magnetismus der Pendel bestimmt wird. Die Induktion ist dabei eine zeitlich weit weniger variante Größe als die Remanenz, so daß die Werte für A von vornherein eine größere Konstanz aufweisen dürften als die für B und C. Wegen der geringen Differenz der Vertikalintensitäten zwischen Potsdam und Sofia schreiben wir:

$$\left(\frac{dT}{dZ}\right)_{Z=Z_P} = 2\,A\,Z_P + B = D\,,$$

wobei wir in der Größe C eine Konstanz bis auf wenige 10^{-8} s voraussetzen müssen. Diese Stabilität muß auch garantiert sein, wenn man die Vertikalintensität durch ein Spulenfeld kompensiert. Die an den Sofioter Beobachtungen anzubringende Korrektur bestimmt sich aus:

$$\Delta T_m = -D\Delta Z\,.$$

Die Genauigkeit dieser Korrektur ist praktisch durch den Fehler der Konstanten D gegeben, so daß $m_{\Delta T_m} = m_D \, \Delta Z$ gesetzt werden kann.

Fordert man $|m_{\Delta T_m}| \leqq 5 \cdot 10^{-8}$ s, so folgt in unserem Falle $|m_D| \leqq 20 \cdot 10^{-8}$ [s/Γ]. Die Resultate der in Potsdam im Februar 1959 bei verschiedenen Vertiaklintensitäten ausgeführten Beobachtungen sind in Abb. 4 dargestellt. Im Intervall von —0.3 Γ bis +0.43 Γ wurden 15 Messungen an acht Punkten ausgeführt. Die zugehörigen D-Werte sind in Tabelle 3 aufgeführt, in der auch die entsprechenden Zahlenwerte aus den Messungen des Jahres 1958 enthalten sind.

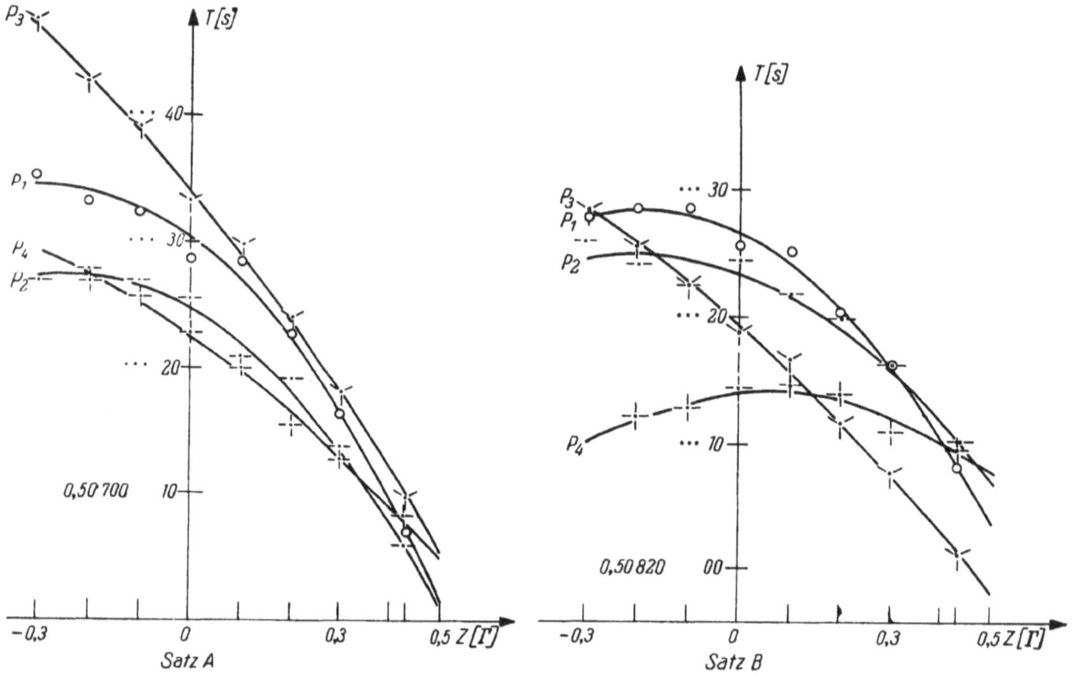

Abb. 4. Abhängigkeit der Schwingungszeiten von der magnetischen Vertikalintensität

Tabelle 3
Die Änderung der Schwingungszeit mit der Vertikalintensität in der Umgebung des Potsdamer Z-Wertes [10^{-7} s/Γ]

Pendelsatz A	1	2	3	4
VII. 58	—79	—69	—48	—62
II. 59	—77	—66	—63	—40
	—78	—68	—56	—51
Pendelsatz B				
VII. 58	—51	—46	—42	—
II. 59	—66	—46	—50	—25
	—58	—46	—46	—25

Das Pendel 4 des Satzes B ist nicht homogen sondern annähernd linear magnetisiert.

Da jedes Mittel in Tabelle 3 nur aus zwei Einzelwerten gebildet ist, beschränken wir uns bei der Fehlerangabe auf einen für alle Pendel gemeinsamen mittleren Fehler $m_D = \pm 6$ [10^{-7} s/Γ].

Die Darstellung der an jeder Station mehrmals mit der Feldwaage bestimmten magnetischen Momente der Pendel in Tabelle 4 läßt erkennen, daß die vermutlich remanenten Änderungen der Momente in der Größenordnung des relativen Fehlers der D-Werte liegen (ca. 10%). Ein systematischer Fehler der magnetischen Reduktion außerhalb der angegebenen Genauigkeit ist daher kaum zu befürchten.

Tabelle 4

Die magnetischen Momente der Pendel während der Messungen Potsdam — Sofia — Potsdam [Oe cm³]

Pendelsatz	Datum	Station	M_1	M_2	M_3	M_4
	29. X. 58	P	201	265	252	189
	3. XI.	P	203	268	258	190
	17. XI.	S	191	266	257	197
A	27. XI.	S	171	244	238	190
	13. XII.	P	229	294	268	199
	2. I. 59	P	221	281	258	193
	17. II.	P	228	297	252	189
			206	274	255	192
	29. X. 58	P	240	209	236	73
	5. XI.	P	229	215	234	81
B	22. XI.	S	229	179	228	69
	29. XI.	S	208	175	231	71
	16. XII.	P	251	208	236	74
	6. I. 59	P	274	224	254	72
			238	202	236	73

Für die Reduktion der in Sofia beobachteten Schwingungszeiten auf die Potsdamer Vertikalintensität ergeben sich schließlich für die einzelnen Pendel folgende Werte in 10^{-7} s:

Satz A	—1.95	—1.70	—1.40	—1.28
Satz B	—1.45	—1.15	—1.15	—0.62
Pendel	1	2	3	4

Der mittlere Fehler dieser Werte beträgt $\pm 0.15 \cdot 10^{-7}$ s oder ± 0.06 mGal.

4b. Bulgarische Messungen

4b 1. Amplitudenreduktion

Die beobachteten Perioden wurden auf unendlich kleine Amplituden nach der Formel

$$\Delta T_a = - \frac{\varphi_0'^2 - \varphi_t'^2}{87.08\,(\log \varphi_0' - \log \varphi_t')} \cdot T$$

reduziert, wo φ_0' und φ_t' die Anfangs- und Endamplitude und T- die angenäherte Periode der Pendel darstellen. Der Bestimmungsfehler der Amplitude ist ungefähr ± 0.2 Winkelminuten.

Bei 3-, 6- und 9-stündigen Messungen haben die Anfangs- und Endamplituden die folgenden Werte:

Dauer der Messung in Stunden	Amplitude in Winkelminuten	
3	39	25
6	39	15
10	39	9

4b 2. Reduktion auf Normalwerte der Temperatur und des Druckes

Die beobachteten Perioden der bulgarischen Pendel sind auf 0 °C und auf den Luftdruck 0 Torr nach folgender Formel reduziert worden:

$$\Delta T_{t,p} = a\,p + b\sqrt{p} + c\,p\,t + dt + e\,t^2\,,$$

wo a, b, c, d, e Druck- und Temperaturkonstanten bedeuten.

Die empirisch bestimmten Konstanten der vier Pendel sind in Tabelle 2b angegeben:

Tabelle 2b

Die Temperatur- und Druckkonstanten

1.		2.		3.		4.	
			a [10^{-7} s/Torr]				
—0.7883	± 0.0102	—0.7952	± 0.0053	—0.7946	± 0.0058	—0.7971	± 0.063
			b [10^{-7} s/(Torr)$^{1/2}$]				
—4.121	± 0.290	—3.623	± 0.152	—3.774	± 0.166	—3.430	± 0.179
			c [10^{-7} s/(Torr)°C]				
+0.00230	± 0.0020	+0.00246	± 0.0010	+0.00255	± 0.0011	+0.00241	± 0.00012
			d [10^{-7} s/°C]				
+0.63	± 0.29	—1.68	± 0.15	+1.02	± 0.17	+0.53	± 0.18
			e [10^{-7} s/(°C)^2]				
—0.0159	± 0.0069	+0.0110	± 0.0030	—0.0023	± 0.0039	—0.0029	± 0.0042

Temperatur und Druck besitzen an den einzelnen Stationen folgende mittlere Werte:

	Sofia I	Potsdam I	Sofia II
°C	17.0	16.9	18.2
Torr	11.1	5.6	7.6

Man muß noch bemerken, daß diese Größen an der Station Potsdam beständiger waren als an der Station Sofia.

Die zeitliche Druckänderung im bulgarischen Apparat ist manchmal größer als 0.1 Torr/h und erreicht 0.25 Torr/h.

4b 3. Reduktion auf starres Stativ

Die Reduktion der Perioden der bulgarischen Pendel auf starres Stativ wurde ebenfalls nach den Formeln von Furtwängler und Schmehl vollzogen, ohne das quadratische Glied zu beachten.

Für die Mitschwingkonstante wurde die verkürzte Formel von Borras verwandt, da die Differenz der Perioden der Pendelpaare klein ist. Die mittleren Werte an den einzelnen Stationen sind:

	Sofia I	Potsdam I	Sofia II
[10^{-7} s]	18.6	28.6	18.8
	18.8	28.0	19.7

Die Streuung der Werte bei mehrmaliger Bestimmung für ein und dieselbe Station ist klein.

Hiernach ist der Meßpfeiler in Sofia stabiler als der in Potsdam.

4b 4. Reduktion auf konstante magnetische Vertikalintensität

Die Reduktion der bulgarischen Pendel auf konstante magnetische Vertikalintensität wurde für die Schweredifferenz Sofia—Potsdam auf Grund der in Potsdam gemessenen Magnetmomente der Pendel

M_1	M_2	M_3	M_4	M
140	77	224	113	138

bestimmt.

Für die magnetische Korrektur der Schweredifferenz gilt $(\Delta 9)_m = - 0.22$ m Gal.

5. Bestimmungsgenauigkeit der reduzierten Schwingungszeiten der deutschen Messungen

Für den zufälligen Fehleranteil an der Schwingungszeit des Einzelpendels erhält man gemäß obiger Abschätzungen:

$\overline{m}_E = \pm \sqrt{9 + 6.76 + 10.2 + 4}\ 10^{-8} = \pm 0.55 \cdot 10^{-7}$ s für Satz A und $\overline{m}_E = \pm 0.58 \times 10^{-7}$ s für Satz B.

Diese Werte gelten für eine sechsstündige Messung. Für den entsprechenden Fehler des Pendelpaares bekommt man ohne Beachtung des Mitschwingeinflusses:

$$\overline{m}_P = \pm 0.36 \cdot 10^{-7} \text{ s für Satz A und } \overline{m}_P = \pm 0.39 \cdot 10^{-7} \text{ s für Satz B}.$$

Aus den Beobachtungen der Schwingungszeiten an den einzelnen Stationen wurden für die Pendelpaare die in Tabelle 5 angegebenen Fehlerwerte m_P für eine sechsstündige Messung abgeleitet. Die Größe dieser Zahlenwerte läßt darauf schließen, daß außer den abgeschätzten Fehlerquellen auf die reduzierten Pendelschwingungszeiten noch andere Störeinflüsse wirksam waren, wobei besonders an systematisch eingehende Zeitfehler gedacht wird. Wir bilden daher aus den Differenzen $T_{34} - T_{12}$ der Pendelpaare an einer Station den mittleren Fehler:

$$m_\Delta^2 = \frac{[p\, v_\Delta\, v_\Delta]}{p_6\,(n-1)}$$

einer sechsstündigen Messung, wobei $p = \frac{1}{2}(p_{12} + p_{34})$ und p_6 das mittlere Gewicht der sechsstündigen Messungen bedeutet. Setzt man voraus, daß alle Pendel einen gleichen systematischen Fehleranteil besitzen, so wird $m_\Delta^2 = m^2$, wo m den zufälligen Fehler des Einzelpendels bedeutet. Für das Pendelpaar ergibt sich damit der mittlere Fehler $m_{\Delta P}^2 = \frac{m_\Delta^2}{2} = \frac{m^2}{2}$. Des weiteren kann man aus den Werten der Mittelpendel $m_M^2 = \frac{[p\, v_M\, v_M]}{p_6\,(n-1)}$ den Fehler des Pendelpaares $m_{MP}^2 = 2\,m_M^2 = \frac{m^2}{2} + 2\,s^2$ bestimmen, wo s den für alle Pendel gleichen systematischen Fehler (Zeitfehler) darstellt.

Nimmt man nur innerhalb der Pendelpaare gleiche systematische Fehler an, so bekommt man:

$$m_{P_{12}}^2 = \frac{m^2}{2} + s_{12}^2 ,$$

$$m_{P_{34}}^2 = \frac{m^2}{2} + s_{34}^2 ,$$

$$m_{MP}^2 = \frac{m^2}{2} + s_{12}^2 + s_{34}^2 .$$

Tabelle 5

Mittlere Fehler der Schwingungszeit der Pendelpaare bei sechsstündiger Meßzeit [10^{-7} s]

	$\bar{m}_P$	Potsdam I			Sofia			Potsdam II			$P - S - P$		
		m_P	$m_{\Delta P}$	m_{MP}	m_P	$m_{\Delta P}$	m_{MP}	m_P	$m_{\Delta P}$	m_{MP}	m_P	$m_{\Delta P}$	m_{MP}
A_{12}		0.67			0.72			0.83			0.77		
A_{34}		0.64			0.54			0.58			0.58		
A_M	0.36	0.65	0.21	0.88	0.64	0.29	0.69	0.72	0.43	0.89	0.68	0.34	0.84
B_{12}		0.50			0.78			0.68			0.67		
B_{34}		0.92			1.40			1.13			1.17		
B_M	0.39	0.73	0.44	0.94	1.13	0.61	1.45	0.94	0.71	1.06	0.95	0.61	1.18

Beim Satz B sind die Fehler des Paares 34 annähernd doppelt so groß wie die des Paares 12. Als mögliche Ursache könnte die anomale Magnetisierung des Pendels 4 dieses Satzes in Betracht kommen.

Ordnet man der beobachteten Schwingungszeit eines jeden Pendels einen konstanten systematischen Fehler s zu, dann bekommt man aus den Werten der Tabelle 5 für die einzelnen Pendelsätze:

	$\frac{m}{\sqrt{2}}$	s	
A	0.34	0.54	[10^{-7} s]
B	0.61	0.71	

$\frac{m}{\sqrt{2}}$ ist der zufällige Fehleranteil am mittleren Fehler des Pendelpaares. Nimmt man jedoch an, daß die beiden Pendelpaare unterschiedliche systematische Fehleranteile besitzen, so ergibt sich:

	$\frac{m}{\sqrt{2}}$	s_{12}	s_{34}	
A	0,47	0.61	0.33	[10^{-7} s]
B	0.65	0.15	0.97	

Zusammenfassend kann man sagen, daß die zufälligen Fehleranteile der Beobachtungswerte etwa in der Größenordnung liegen, die durch die Meßunsicherheit der einzelnen Komponenten gegeben ist. Außerdem sind systematische Einflüsse vorhanden, die nicht ausschließlich auf Zeitfehler zurückgeführt werden können, sondern vermutlich in der unterschiedlichen magnetischen Konstitution der Pendel eine Teilursache haben.

Unter Beachtung dieser Einflüsse erhält man für die Genauigkeit des Mittelpendels bei sechsstündiger Meßdauer $m_M = \pm 0.72 \cdot 10^{-7}$ s. Die mittleren Differenzen zwischen den Schwingungszeiten der Pendelpaare an den einzelnen Stationen ergeben sich zu:

Potsdam I	2.68 ± 0.11	—4.60 ± 0.22	$[10^{-7}$ s]
Sofia	2.89 ± 0.13	—3.64 ± 0.32	
Potsdam IIa	2.59 ± 0.25	—4.81 ± 0.39	
Potsdam IIb	2.65 ± 0.20	—5.01 ± 0.68	

Stationseigene oder durch den Transport bedingte Fehler in den Schwingungszeiten der Pendelpaare sind demnach nicht außerhalb der Meßgenauigkeit aufgetreten.

6. Berechnung der Schweredifferenzen

6a. Deutsche Messungen

In Tabelle I sind die beobachteten und die reduzierten Schwingungszeiten nebst den zugehörigen Reduktionsgrößen für alle Registrierzeitdifferenzen angegeben. Die an der rechten Seite aufgeführten Gewichtsfaktoren p^0_{ik} sind aus $p^0_{ik} = M^2_{ik} G_D G_G$ für $i\,k = 12$ bzw. 34 berechnet worden. Die Faktoren M_{ik}, G_D und G_G hängen vom Verhalten der Einzelpendel innerhalb des Paares, von der Meßdauer und der Güte der registrierten Zeitsignale ab. M_{ik} ist das Mittel aus den beiden kleinsten der vier Terme $(a_{ik} \cos \varphi_{ik})\; t_1, t_2$ aus der Mitschwingreduktion der beiden Pendel eines Paares. Der Einfluß G_D der Meßdauer ist nach folgendem Schema ermittelt worden:

Meßzeit h	0—1.4	1.5—2.4	2.5—3.4	3.5—6.4	>6.4
G_D	1	2	3	4	5

G_G wird aus dem maximalen Unterschied zwischen den vier Differenzen der fünf aufeinanderfolgenden Sekundenmarken eines Registriertermines bestimmt. Jeder Termin erhält die Note 1 oder 4, je nachdem dieser Unterschied kleiner oder größer als 0.10 Zählfrequenzperioden ist. Der reziproke Mittelwert aller in der Messung enthaltenen Noten ist dann G_G.

Tabelle II enthält die mittleren Schwingungszeiten der Messungen für jede Station. Die Gewichtsfaktoren einer Messung sind gemäß $p_{ik} = \frac{2}{N} \sum p^0_{ik}$ berechnet worden, wo N die Anzahl der in der Messung enthaltenen Registrierzeiten darstellt. Die verschiedenen Aufstellungen des Pendelapparates sind innerhalb jeder Station numeriert worden. Die Messungen der Station Potsdam II sind in IIa und IIb unterteilt, weil sie für 14 Tage unterbrochen werden mußten (20. XII. 58 bis 3. I. 59). In Tabelle V sind die Schwingungszeiten der vier Pendelpaare und die Schweredifferenzen zusammengestellt.

Die Analyse der Schwingungszeiten der Pendelpaare zeigt, daß die an der Station Potsdam IIb beobachteten Werte des Satzes A zu hoch liegen und die Schwingungszeiten der Paare des Satzes B einen zeitlichen Gang aufzuweisen scheinen.

Tabelle 6a

Stationsmittel der Schwingungszeiten der Pendelpaare
$T = 0.5070/82\ldots +$ Tabellenwert $\cdot\, 10^{-7}$ s für A/B

	A_{12}	A_{34}	B_{12}	B_{34}
Potsdam I	4.61 ± 0.23	7.29 ± 0.22	5.84 ± 0.17	1.24 ± 0.34
Sofia	2633.36 ± 0.26	2636.37 ± 0.21	2642.80 ± 0.30	2639.16 ± 0.55
Potsdam IIa	5.09 ± 0.35	7.68 ± 0.21	6.88 ± 0.23	2.09 ± 0.53
Potsdam IIb	7.85 ± 0.16	9.63 ± 0.25	8.09 ± 0.22	3.11 ± 0.64

Während der 14tägigen Unterbrechung der zweiten Potsdamer Messungen sind die Pendel des Satzes A im Apparat geblieben. Aus Tabelle 6a ergeben sich für Pendelpaar 12 Veränderungen in der Schwingungszeit von $(3.00 \pm 0.44)\ 10^{-7}$ s und für Pendelpaar 34 von $(2.14 \pm 0.42) \cdot 10^{-7}$ s zwischen Potsdam IIa und IIb. Die entsprechenden Änderungen der reduzierten Pendellänge betragen 0.2 bis 0.3 μm.

Für die mittleren Schwingungszeiten des Satzes A an der Potsdamer Basisstation gelten schließlich folgende Werte:

$$A_{12} \quad 0{,}5070\ 004.85 \pm 0.17 \cdot 10^{-7}\ \mathrm{s}$$
$$A_{22} \quad 0{,}5070\ 007.49 \pm 0.13 \cdot 10^{-7}\ \mathrm{s}\,.$$

Die angegebenen Fehler sind aus der Streuung aller Potsdamer Beobachtungen um ihren Mittelwert berechnet worden. Die Differenz zwischen diesen Potsdamer Mittelwerten und den magnetisch verbesserten Stationsmittelwerten von Sofia ist in Tabelle V als Ausgangswert für die Berechnung der Schweredifferenzen angegeben.

Der mittlere Fehler der Schwingungszeitdifferenz Potsdam—Sofia ist nach

$$m^2_{(T_P - T_S)} = m^2_{T_P} + m^2_{T_S}$$

bestimmt worden. Für die Schweredifferenz gilt bekanntlich:

$$\Delta g = g_S - g_P = \frac{2\,g_P}{T_S}\,(T_P - T_S) + \frac{g_P}{T_S^2}\,(T_P - T_S)^2\,,$$

woraus für den mittleren Fehler mit hinreichender Genauigkeit

$$m_{\Delta g} = \pm \frac{2\,g_P}{T_S}\, m^2_{(T_P - T_S)}$$

folgt, wo $g_P = 981\,275$ mGal den Potsdamer Anschlußwert (im Keller des Geodätischen Instituts) darstellt. Die reduzierten Schwingungszeiten der Messungen des Satzes B wurden unter der Annahme einer zeitlich linearen Änderung ausgeglichen. Dabei galten die Fehlergleichungen:

$$T_0 + x\,t + \Delta T - T = v$$

mit dem Gewicht p, wenn T_0 die Schwingungszeit zu Beginn der Messungen in Potsdam I darstellt, x die tägliche Änderung der Schwingungszeit, ΔT die Differenz der Schwingungszeiten zwischen Potsdam und Sofia und T die Beobachtungswerte bedeuten. Für die Unbekannten ergibt sich:

	$x\,[10^{-9}\ s/d]$	$\Delta T\,[10^{-7}\ s]$	T_0[s]
			0.5082 . . .
B_{12}	3.32 ± 0.50	2636.29 ± 0.30	005.62
B_{34}	2.88 ± 1.06	2637.36 ± 0.65	001.03

Die zeitliche Änderung der Schwingungszeit des Paares 34 erscheint hier wegen der bereits früher festgestellten größeren Streuung dieser Werte nicht gesichert.

Die Schweredifferenzen in Tabelle V sind mit diesen Zahlenwerten berechnet worden. Die vier Endwerte wurden schließlich entsprechend ihren Fehlern gemittelt und der Fehler des Mittelwertes aus der Streuung unter Beachtung der Gewichte bestimmt.

Die deutschen Messungen ergeben für die Schweredifferenz Potsdam—Sofia:

$$g_P - g_S = 1016.97 \pm 0.17\ \mathrm{mGal}\,.$$

6b. Bulgarische Messungen

In der beigelegten Tabelle III sind die beobachteten und reduzierten Perioden der bulgarischen Pendel mit den zugehörigen Reduktionen für alle beobachteten Perioden angegeben.

Der an der rechten Seite der Tabelle aufgeführte Gewichtsfaktor $\Delta\tau$ entspricht der Meßzeit in Stunden.

Das Gewicht einer Messung ist $\frac{2}{N} \sum \Delta\tau$, wo N die Anzahl der Registrierzeiten einer Messung darstellt.

In der Tabelle 6b sind die Mittelperioden der Pendelpaare angegeben.

Tabelle 6b

Stationsmittel der Schwingungszeiten der Pendelpaare
$T = 0.4925 +$ Tabellenwert 10^{-7} s

	12	34
Sofia I	2779.61 ± 0.79	2795.61 ± 1.06
Potsdam I	219.49 ± 0.70	239.56 ± 0.76
Sofia II	2776.90 ± 0.70	2796.60 ± 0.84

Der mittlere Fehler der Schwingungszeitendifferenz Potsdam—Sofia ist nach

$$m^2_{(T_S - T_P)} = m^2_{T_P} + m^2_{T_S}$$

bestimmt worden.

Die Schweredifferenz wird nach der Formel

$$g_S - g_P = -2\, g_P \frac{T_S - T_P}{T_P} + 3\, g_P \left(\frac{T_S - T_P}{T_P}\right)^2$$

bestimmt, wo $g_p = 981.275$ mGal den Potsdamer Anschluß darstellt.

Das Endresultat ist das Mittel der zwei Größen $(g_s - g_p)_{1,2}$ und $(g_s - g_p)_{3,4}$ unter Beachtung ihrer mittleren Fehler und der magnetischen Korrektion $(\Delta g)_m = -0.22$ mGal. Endgültig bekommen wir als Resultat der bulgarischen Messungen:

$$g_p - g_s = 1018.32 \pm 0.38 \text{ mGal}.$$

LITERATUR

[1] Meisser, O., Instrumente der gravimetrischen Aufschlußmethoden. Handbuch der Geophysik, Bd. VI, I, S. 236—312, herausg. von B. Gutenberg, Berlin 1931.

[2] Dobaczewska, W., und Z. Zabek, Untersuchung des Askania-Vierpendelapparates und Abschätzung der Meßgenauigkeit bei Verwendung einer magnetischen Kompensation eigener Konstruktion. Veröff. der TU Warschau Nr. 36, Geodezja, Nr. 4, S. 26—85, Warschau 1958.

[3] Furtwängler, Ph., Über Schwingungen zweier Pendel mit annähernd gleicher Schwingungsdauer auf gemeinsamer Unterlage. Sitz.-Ber. der Preuß. Akad. d. Wiss., Bd. 12, S. 245—253, Berlin 1902.

[4] Schmehl, H., Über den Einfluß der Elastizität des Pendelstativs auf die Schwingungszeit zweier gleichzeitig auf demselben Stativ schwingender Pendel. Zs. f. Geophys. **3**, H. 4 (1927), S. 157—166.

[5] Borras, E., Bestimmung der Intensität der Schwerkraft auf 17 Stationen in der Nähe des Berliner Meridians von Elsterwerda bis Arkona. Veröff. d. Preuß. Geod. Inst. NF, Nr. 9, S. 83—104, Berlin 1902.

[6] Bullard, E. C., The effect of a magnetic field on relative gravity determinations with invar pendulums. Proc. of the Cambr. Phil. Soc. **29** (1933), S. 288—296.

А. ОПИСАНИЕ ПРИБОРОВ И МЕТОДА ИЗМЕРЕНИЙ

1. Аппаратура

1а. Немецкие измерения

Геодезический институт в Потсдаме предоставил автору возможность работать с четырехмаятниковым прибором, конструированным приблизительно 25 лет тому назад П. Фехнером (фиг. 1а) в мастерских института. Описание этого прибора приведено в [1]. Нераздельной частью прибора являются два комплекта изготовленных из инвара позолоченных полусекундных маятников (A и B), имеющих штерековую Т-видную форму и агатовые конусы. Подушки в приборе тоже агатовые. Для определения температуры и давления прибор снабжен ртутным термометром и барометром с диапазоном измерения в 200 тор. Арретирование и импульс начальных амплитуд получаются для каждого маятника отдельно. Путем поворота опоясывающего прибор кольца постигается необходимая синхронизация в пуске четырех маятников.

Для измерений был использован и четырехмаятниковый прибор с колпаком, выписанный из Иенского сейсмологического института, вместе с комплектом маятника из инвара штюкратовой формы. Результаты, полученные этим прибором, оказались неверными по причине частых скокообразных изменений в периодах качания маятников и поэтому не были использованы для выведения разностей силы тяжести в Софии и Потсдаме. Причину нестабильности маятников следует искать в маятниковых призмах. В конце измерений было установлено, что задние плоскости агатовых призм дефектны, обстоятельство не дающее возможность маятникам задержаться на последних. Маятники впоследствии были снабжены новыми нризмами, ребра которых в трех местах прерывались. Это давало возможность плоскостям подушек опираться в одни и те же части ребер призмы.

Результаты этих измерений еще не обработаны.

Периоды качания маятников были определены путем фоторегистрирования и нулевых фаз. Устройство регистрирующего прибора описано в [2]. Принципы его работы были развиты Шмелом и его сотрудниками из Потсдамского геодезического института в 1935 году. Периферическая скорость барабана с фотолентой равна 17 см/сек.

Два зеркальных гальванометра, чувствительность которых равна 10^{-7} А/мм/м, воспроизводят секундные маркировки и масштабную линейку (50 герц). При измерениях в Потсдаме для маркировки времени были включены директно кварцовые часы. Софийские наблюдения принимались при помощи ритмических сигналов по радиопередатчику DIZ (4525.0 герца), которые регистрировались одновременно Геодезическим институтом в Потсдаме и сверялись по нескольким Кварцовым часам. Таким способом были редуцированы софийские наблюдения.

Ошибки часовых сигналов вследствие изменения длины пути электромагнитных волн мы не приняли во внимание из-за их незначительной величины. Ход кварцовых часов для наблюдения в Потсдаме менее 5 мсек/д. В двух станциях маятниковые приборы были так смонтированы, что плоскость их качания имела угол в 45 °С плоскостью магнитного меридиана. Нивелировку маятниковых подушек при каждом новом смонтировании прибора делалась с точноьстю в 15′!

1б. Болгарские измерения

Измерения с болгарской стороны были проведены при помощи четырехмаятникового прибора ,,Аскания", производство около 1939 года (фиг. 1б). Маятники полусекундные, щернековой формы с агатовыми призмами.

Для определения температуры и давления под колпаком аппарата были смонтированы один ртутный термометр и один Ц-видный ртутный барометр с диапазоном в 150 тор. Остановка и пуск маятников производились синхронно, каждый маятник отдельно.

Периоды маятников определялись фотографическим способом путем регистрирования нулевых фаз маятников посредством регистрационной аппаратуры (фиг. 2б), изготовленной механиком от Потсдамского геодезического института П. Фехнер. Периферическая скорость барабана- 5 см/сек. Привод имеет пружинное устройство. Регистрация марок времени (секундные и минутные марки) производилась путем оптическо-зеркальной системы, в которую включен связанный с радиоприемником тикер. Ввиду непостоянной периферической скорости барабана регистрирующего аппарата на фотографической ленте регистрировалась масштабная линия, получаемая путем разрыва светового луча электрическим камертоном с частотою 40 герца (фиг. 3б).

При всех маятниковых наблюдениях были использованы ритмические часовые сигналы от службы точного времени при Потсдамском геодезическом институте путем передатчика DIZ (4525.0 кгерца).

Маятниковый аппарат в Софии и Потсдаме был так смонтирован на бетонных колоннах, что плоскости качания маятников сключали угол в 45° с магнитным меридианом в соответствующих точках.

Амплитуды качания маятников определялись визуально. Нивелировка маятникого аппарата сделана с точностью в 15''.

2. Программа измерений

2а. Немецкие измерения

Измерения проводились по схеме табл. 1а. Она одинакова как для болгарских, так и для немецких измерений. Различия между зарегистрированными временами двух наблюдаемых рядов обуславливаются главным образом изменением качества принимаемых часовых сигналов. Каждое измерение, продолжающееся от момента пуска маятника до его остановки, содержит самое меньшее две регистрации. Регистрационные термины производились один за другим продолжительностью от 2 до 4 минут. Они продолжались от 15 до 20 сек. около полной минуты. Между регистрационными временами фотографировались маятниковые амплитуды.

2б. Болгарские измерения

Как уже было сказано, болгарские и немецкие измерения проводились по единой программе. Известные отклонения от этой программы, по которой провелись болгарские измерения, были результатом плохою радиопоиема в некоторые дни. В табл. 1б приведена программа, по которой провелись болгарские измерения. Маятники ставились снова каждый день.

Одно измерение охватывало интервал между двумя последовательными пусками и остановкой маятников . Обычно одна регистрация продолжалась одна минута между двумя минутными марками.

Табл. 1 а

Потсдам I				София				Потсдам II			
№	Дата	продолж. измер.	компл.	№	Дата	продолж. измер.	компл.	№	Дата	продолж. измер.	компл.
1.	27.X.58	6	A	1.	18.XI.	6	A	1.	11.XII.	6	A
2.	27.	3	A	2.	18.	3	A	2.	11.	3	A
3.	27/28	10	A	3.	18/19..	10	A	3.	11./12.	10	A
4.	28.	4	A	4.	19.	6	A	4.	12.	6	A
5.	28.	3	A	5.	19.	3	A	5.	12.	2	A
6.	28./29.	10	A	6.	19./20.	10	A	6.	12./13.	10	A
7.	29.	6	B	7.	20.	6	B	7.	13.	6	B
8.	29.	3	B	8.	20.	3	B	8.	13.	3	B
9.	29./30.	10	B	9.	20./21.	10	B	9.	13./14.	10	B
10.	30.	6	B	10.	21.	6	B	10.	15.	6	B
11.	30.	3	B	11.	21.	3	B	11.	15.	3	B
12.	30./31.	10	B	12.	21./22.	10	B	12.	15./16.	10	B
Измерения компл. С				Измерения компл. С				Измерения компл. С			
19.	3.XI.	6	A	18.	25.	6	A	19.	18.	6	A
20.	3.	3	A	19.	20.	3	A	20.	18.	3	A
21.	3./4.	10	A	20.	25./26.	10	A	21.	18./19.	10	A
22.	4.	6	A	21.	26.	6	A	22.	19.	6	A
23.	4.	3	A	22.	26.	3	A	23.	19.	3	A
24.	4./5.	10	A	23.	26./27.	10	A	24.	19./20.	10	A
25.	5.	6	B	24.	27.	6	B	25.	3.I.59	6	A
26.	5.	3	B	25.	27.	3	B	26.	3.	3	A
27.	5./6.	10	B	26.	27./28.	10	B	27.	3./4.	10	A
28.	6.	6	B	27.	28.	6	B	28.	5.	6	A
29.	6.	3	B	28.	28.	3	B	29.	5.	3	A
30.	6./7.	10	B	29.	28./29.	10	B	30.	5./6.	10	A
Измерения компл. С				Измерения компл. С				31.	0.	4	B
				39.	3.XII.	6	A	32.	6.	3	B
				40.	3.	3	A	33.	6./7.	10	B
				41.	3./4.	10	A	34.	7.	6	B
								35.	7.	3	B
								36.	7./8.	10	B
								Измерения компл. С			

Маятники поставлены

——— Аппарат монтирован и маятники подвешены

	3-	19^h— 21^h— 22^h
Регистр. время	6-часовое измерение	13^h— 15^h— 17^h— 19^h
	10-	23^h— 09^h

Табл. 1б

София I			Потсдам II			София III		
№	Дата	Продолж. измерения	№	Дата	Продолж. измерения	№	Дата	Продолж. измерения
1	3. XI. 58	6	1	2. XII.	6	1	2. I. 59	3
2	3.	3	2	3.	6	2	3.	4
3	3./4.	10	3	3.	3	3	3.	3
4	4.	6	4	4.	6	4	5.	3
5	4.	3	5	4./5.	10	5	5.	3
6	4./5.	10	6	5.	6	6	5./6.	10
7	5.	6	7	5.	3	7	6.	4
8	5.	3	8	5./6.	10	8	7.	6
9	6.	6	9	6.	6	9	7.	10
10	8.	3	10	6.	3	10	8.	6
11	12.	3	11	6.	10	11	8.	3
12	12./13.	10	12	8.	6	12	8./9.	10
13	13.	4	13	8.	3	13	9.	3
14	13./14.	10	14	8./9.	10			
			15	9.	6			
			16	9.	3			
			17	10.	5			
			18	10./11.	10			
			19	11.	4			

	3-	20^h— 22^h— 23^h
Регистр. время	6-часовое измерение	14^h— 16^h— 18^h— 20^h
	10-	23^h— 09^h

3. Вычислительная обработка фоторегистрации

3а. Немецкие измерения

При каждой регистрации проводились вычисления по восьми последовательным маятниковым группам и по соотвествующим пяти секундным маркам. Устанаювливается разница между средними экстремами колебаний маятников и средней секундной в периоды колебания по масшт. шкале, которые обращаются в секунды, вычисленные по приблизительным значениям периодов качания маятников.

Средняя погрешность одного отсчета маятниковых или секундных марок равняется 1 мсек. Эта величина соответстует $5 \cdot 10^{-2}$ периода по масшт. шкале или представляет 0.17 мм регистрационного фотофильма.

Разница между маятниковым экстремом и секундными марками определяются с точностью до $\pm 6 \cdot 10^{-4}$ сек.

Для определения периодов качания маятников одного измерения составляется следующие разности моментов средних маятниковых экстремов:

$$\begin{matrix} t_2^k - t_1^i \\ t_1^k - t_2^i \end{matrix} \quad \text{для} \quad 1 \leqq i < k \leqq N; \quad i, k \text{ в целых числах,}$$

где N число регистрированных времен измерения. Нижний индекс при t означает регистрированный термин, а верхний-регистрированное время.

Из двух периодов качания маятников, полученных для постоянных i и k, берется среднсе, так что средняя погрешность наблюдаемых периодов равняется

$$m_{T_B} = \pm \frac{6 \cdot 10^{-4}}{n} \text{ сек}$$

где n число качания маятника. Чтобы получить по периодам точность порядка $5 \cdot 10^{-8}$ сек., необходимо, чтобы интервал измерения равнялся бы по крайней мере 100 мин.

При наблюдениях посредством радиопередачи, из-за ненадежности в сигнальных коррециях, ошибка более значительна. Если среднюю ошибку по радиосигналам примем равную 1 мсек., то для измерения, продолжающегося шесть часов, будем иметь

$$m_{T_B} = \pm \frac{15 \cdot 10^{-4}}{n} \cdot \text{ сек или } m_{T_B} = \pm 3 \cdot 10^{-7} \text{ сек.}$$

3б. Болгарские измерения

При каждом регистрировании прослеживались восемь маятниковых групп, между пятью секундными марками. В марках [по масшт. шкале] была вычислена разность между средним отсчетом по каждому маятнику восьми групп и средней секундной маркой. После того, как значение марки по масшт. шкале было пересчитано в части секунды, разность была выражена в секундах.

Средная ошибка одного определения регистраций маятника или секундной марки подсчитывается в 1.25 мсек. Этой величине соотвествует $5 \cdot 10^{-2}$ периода в масшт. шкале или 0.06 мм на регистрированном фильме.

Разница между маятниковым экстремумом и секундной маркой получается с точностью около $\pm 12 \cdot 5 \cdot 10^{-4}$ сек., которая зависит от допустимой ошибки при работе с Ополцеровым аппаратом.

Периоды качания маятников были определены вычислением разностей моментов нулевеых фаз средних маятниковых отсчетов соответствующих регистраций по программе для каждого маятника. Эти разности делили на приблизительный период качания маятников 0.492 сек и получили приблизительное число качаний маятников по наблюдаемому интервалу с точностью до ± 0.2 качаний. Делением вышеупомянутой разности на точное число качаний получают наблюдаемый период качания маятников. Погрешность при определении периода качания маятников за шестичасовое измерение при средней ненадежности часовых сигналов, равной 1 мсек, около $\pm 5{,}6 \cdot 10^{-8}$ сек. Следует однако отметить, что вследствие имевших место радиосмущений во время получений ритмических сигналов, средние секундные отсчеты в некоторых случаях брались с ненадежной точностью, что явилось причиной значительного рассеивания наблюдаемых периодов.

4. Редукиция наблюдаемых периодов маятников

4а. Немецкие измерения

4а 1. Поправка ва апплитуду. Сведение наблюдаемых периодов к средним константным амплитудам

Настоящие измерения были сведены к средним амплитудам 20′.
Редукционная формула Борда гласит

$$(\Delta T_a)_{20'} = \left[1846 - \frac{\varphi_0^2 - \varphi_t^2}{\log \varphi_0/\varphi_t}\right] 11.48 \cdot 10^{-10} \cdot T_0 \qquad [10^{-7}\ \text{сек}]$$

Здесь: величины φ_0, φ_t — начальная и конечная амплитуда, выраженная в угловых минутах, а T_0 — период при бесконечно малых значениях амплитуд и log Бригов логарифм. При использовании этой редукционной формулы следует обратить внимание на обстоятельство, что уменьшение амплитуд происходит в геометрической прогрессии. Так как при каждом измерении придаются одинаковые начальные значения и на каждой станции выполняется одна и та же программа работ, то небольшие отклонения от закона уменьшения амплитуд приведут к постояным ошибкам, которые не отражаются однако на величинах периодов.

Для определения ошибки поправок амплитуд может быть использована следующая Формула:

$$m_{\Delta Ta} = \pm\, m_\varphi\, T_0\, 7.45 \cdot 10^{-9} \sqrt{\frac{(\varphi_0 + \varphi_t)^2}{4} + \frac{1}{9}\,\frac{(\varphi_0 - \varphi_t)^2}{4}}\ ,$$

где m_φ средняя ошибка измерения амплитуд. Из-за неуверенности в отсчетах фотографированных маятниковых амплитуд следует:

$$m_\varphi = \pm\, 0.2'.$$

Для трех-, шести- и десятичасовых измерений валидны следующие средние начальные и конечные амплитуды:

время измер.	$\varphi_0[']$	$\varphi_t[']$	$m_{\Delta Ta}$ [10^{-8} сек]
3	45	32	2.9
6	45	23	2.6
10	45	14	2.3

При средней продолжительности измерения равной 6 часов поправка на амплитуду росходится на величину $\pm 2.6 \cdot 10^{-8}$ сек.

4а 2. Редукция наблюдаемых периодов к нормальным значениям температуры и давления

Зависимость наблюдаемых периодов от температури и давления дана в следующей формуле:

$$T_B = T_0 + a\,(t - 15°) + b\,d + c\sqrt{p}$$

где a, b и c — температурные константы и константа давленпя, t — температура в °C,

p — воздушное давление в „тор“ и

$$d = \frac{0,36 \cdot p}{273,16 + t}$$

релятивная плотность.

Температурная редукция и редукция давления выражается формулой

$$\Delta T_{t,p} = -a\,(t - 15^\circ) - b\,d - c\,\sqrt{p}\,.$$

Эмпирические определения констант по 8 маятникам приведены в таблице 2а.

Табл. 2а.

Темпер. константы и константы давления

компл.	маятнятник 1	2	3	4
		a $[10^{-7}$ сек/°C]		
A	1.96 ± 0.02	1.71 ± 0.04	0.12 ± 0.03	0.49 ± 0.02
B	1.82 ± 0.02	1.69 ± 0.02	2.28 ± 0.04	2.55 ± 0.03
		10^{-7} сек		
A	928 ± 45	1216 ± 99	1124 ± 61	1010 ± 46
B	736 ± 65	834 ± 74	792 ± 134	807 ± 107
		c $[10^{-7}$ сек/(тор)$^{1/2}$]		
A	2.04 ± 0.39	0.18 ± 0.87	0.26 ± 0.54	1.11 ± 0.41
B	3.76 ± 0.60	2.90 ± 0.68	3.33 ± 1.24	3.30 ± 0.99

Влияние константы c на точность, поправки в температуре и давлении осязательны в случаях, когда интервал давления очень большой. Точность поправки на температуру и давление находится в зависимости не только от точности констант, но также и от ошибок при измерении температуры и давления. При установлении влияния ошибок констант исходим из средних значений температуры и давления

	Темп.	[°C]	Давление	[тор]
Потсдам	16.0	16.0	8.0	7.4
София	16.6	16.8	8.8	8.3
маятн. компл.	A	B	A	B

Для определения величины поправок на температуру и давление с известной приближенностью можно использовать следуюшую формулу

$$\Delta T_{t,p} = -a\,(t - 15^\circ) - p\;1.25 \cdot 10^{-3}\,b - \sqrt{p} \cdot c\,.$$

В силу ошибок в константах следует ожидать следующие ошибки (расхождения) в разнице тяжестей

маятн. компл. A	B
± 0.03 мГал	± 0.06 мГал

Эти значения не выходят за границы ошибок, полученных вследствие рассеяния наблюдений.

Непостоянство констант температуры и давления не ведет к заметным систематическим искажениям конечных результатов.

Для случайных ошибок в температуре и давлении берем $m_t = \pm 0.1$ °C и $m_p = \pm 0.2$ тор, так что для средних ошибок температуры и давления имеем

$$m_{\Delta T_{t,p}} = \pm \sqrt{a^2\, m_t^2 + \left(1.25 \cdot 10^{-3}\, b + \frac{c}{2\sqrt{p}}\right)^2 m_p^2}\,.$$

Для компл. $A \pm 3.2 \cdot 10^{-8}$ сек и для компл. $B \pm 3.8 \cdot 10^{-8}$.

4a 3. Поправка для сокачения штатива

При условии, что при качании маятника появляются эластичные колебания в точке прикрепления, которые равны и противоположны колебаниям противолежащего маятника, валидны известные формулы Фуртвенглера и Шмееля для редуцирования к значениям стабильного штатива маятника [4]:

$$(\Delta T_M)_i = -\gamma \left(1 + \frac{(a_{ki} \cos \varphi_{ki})\, t_1 + (a_{ki} \cos \varphi_{ki})\, t_0}{2}\right) + \frac{\gamma\, M^2}{12\, T^4} (T_k - T_i)\, [(T_k - T_i)\, a_{ki} + \gamma\, (3\, a_{ki}^2 - 1)]\, (t_1 - t_0)^2\,.$$

Где $a_{ki} = \frac{a_k}{a_i}$ — отношение амплитуд

$\varphi = \varphi_k - \varphi_i$ — фазовая разница

$T_{k,i}$ — период в условиях стабильного штатива

γ — константа сокачения и t_0 и t_1 моменты начала и конца измерений.

Содержащиеся во второй части формулы отношения амплитуд следует брать для момента $t = t_A$, при котором разница в фазах равна $\varphi_{Ki} = \pi$. Индексам i, k придаются значения 1, 2 и 3, 4. Эта редукционная формула валидна около момента t_A при котором $a_{Ki} \cos \varphi_{Ki}$ берется как квадратическая функция времени. Определение констант для сокачения штатива производится по известной формуле [3, 5]

$$\gamma = a_{ik} \frac{T^2}{\pi\, t}\left(1 + \left(\frac{n\, t}{T^2}\right)^2 \frac{(T_i - T_k)^2}{24}\right) \approx a_{ik} \frac{T^2}{\pi\, t}\,.$$

Где t — время в секундах, a_i — амплитуда пущенного в ход маятник, a_K — амплитуда раскачивающегося маятника. При настоящих измерениях поправка для сокачения штатива произведена по вышеуказанной формуле. При измерительном интервале менее 5 часов квадратический член пренебрегнат. Средняя ошибка для сокачения штатива обуславливается величиной γ, релятивная погрешность которой около 10%.

Поправка для сокачения штатива единичного маятника около $2 \cdot 10^{-7}$ сек., так что ее средняя ошибка равняется $\pm 2.10^{-8}$ сек. Период маятниковой пары от этой ошибки не зависит.

4a 4. Редуцирование к константному вертикальному компоненту магнитного поля

Ввиду небольшой разницы между вертикальными компонентами магнитного поля двух точек она может не компенсироваться.

Значения вертикальных компонент магнитного поля колонн двух станций найдены при помощи магнитных весов „фанзеляу“, эталонированных по Нимегку.

Были получены следующие числовые значения:

	Z	H
Потсдам	42800	17050
София	40300	23400

Точность этих значений равняется ± 50.
Измерения в Софии были затруднены ввиду сильных вариаций. Разность между вертикальными интенситетами двух станций достаточной точности

$$Z_n - Z_c = 2500\,\gamma = -\Delta Z\,.$$

Вертикальный компонент земного магнитного поля изменяет периоды маятников согласно [6]:

$$T(Z) = A\,Z^2 + B\,Z + C\,.$$

Где константа A находится в зависимости от магнитной индукции маятников, B — содержи, ткак индуктивную, так и перманентную и реманентную часть и C-определяется исключительно посредством парманентного и реманентного магнетизма маятников. Индукция является весьма малой вариантной величиной в сравнении с реманенцией, так что значения A представляет более значительной константой, чем B и C.

Вследствие небольшой разницы в вертикальной интенсивности между Потсдамом и Софией имеем:

$$\left(\frac{dT}{dZ}\right)_{Z=Z_p} = 2\,A\,Z_p + B = D\,.$$

При котором величина C должна быть константой менее 10^{-8} сек. Эта стабильность должна гарантироваться, когда вертикальная интенсивность компенсируется катушкой поля.

Поправка софийских наблюдений определяется из

$$\Delta T_m = -D\Delta Z\,.$$

Точность этой поправки дается практически ошибкой константы D, так что можно поставить $m_{\Delta T m} = m_D\,\Delta Z$.

При $|m_{\Delta T m}| \leqq 5 \cdot 10^{-8}$ сек в нашем случае следует: $|m_D| \leqq 20 \cdot 10^{-7}$ [сек/Γ].

Результаты наблюдений в Потсдаме, проведенные в м. феврале в условиях различных вертикальных интенситетов, показаны на фиг. 4. В интервале —0.3 Г до —0.43 Г были проведены 15 измерений в восьми точках. Соответствующие величины D показаны в данных таблицы 3, в которой содержатся значения измерений в 1958 г.

Табл. 3.

Изменение периода маятников в зависимость от вертикального интенситета для Z значения Потсдам [10^{-7} сек/Г]

маятн. компл. A	1	2	3	4
VII. 58	—79	—69	—48	—62
II. 59	—77	—66	—63	—40
	—78	—68	—56	—51
маятн. компл. B				
VII. 58	—51	—46	—42	—
II. 59	—66	—46	—50	—25
	—58	—46	—46	—25

Маятник 4 комплекта B не является магнитно-гомогенным, но приблизительно линейное намагниченное. Так как каждое среднее число в таблице 3 образуется только из двух значений, то мы ограничиваемся при определени ошибки, определением общей средней ошибки для всех маятников $m_D = \pm 6$ [10^{-7} сек/$Г$].

Изображение многократно определенных магнитных моментов маятников в каждой станции в таблице 4 показывает, что предполагаемое реманентное изменение порядка релятивной ошибки значений D (са. 10%).

Систематическая ошибка магнитной редукции вне показанной точности вряд ли возможна.

Табл. 4

Магнитные моменты маятников во время измерения Потсдам-София-Потсдам [Ое см³]

маятн. компл.	Дата	Станция	M_1	M_2	M_3	M_4
A	29. X. 58	П	201	265	252	189
	3. XI.	П	203	268	258	190
	17. XI.	С	191	266	257	197
	27. XI.	С	171	244	238	190
	13. XII.	П	229	294	268	199
	2. I. 59	П	221	281	258	193
	17. II.	П	228	297	252	189
			206	274	255	192
B	29. X. 58	П	240	209	236	73
	5. XI.	П	229	215	234	81
	22. XI.	С	229	179	228	69
	29. XI.	С	208	175	231	71
	16. XII.	П	251	208	236	74
	6. I. 59	П	274	224	254	72
			238	202	236	73

Для редуцирования наблюдаванных в Софии периодов маятников к потсдамскому вертикальному интенситету были получены по отдельным маятникам следующие значения: 10^{-7} сек

маятн. компл. A	—1.95	—1.70	—1.40	—1.28
B	—1.45	—1.15	—1.15	—0.62
маятник	1	2	3	4

Средная ошибка по этим значениям $\pm 0.15 \cdot 10^{-7}$ сек $= \pm$ 0.06 мГал.

4 б. Болгарские измерения

4 б 1. Поправка за аплитуду. Редуцирование к бесконечно малым амплитудам

Наблюдаемые периоды были редуцированы к периодам бесконечно малых амплитуд по формуле

$$\Delta T_a = -\frac{\varphi_0'^2 - \varphi_t'^2}{87.08\,(\lg \varphi_0' - \lg \varphi_t')} \cdot T .$$

Где φ_0' и φ_t' начальная и конечная амплитуда в наблюдаемом интервале, T — приблизительный период качания маятников. Погрешность, по которой определяются амплитуды-порядка ± 0.2 угол. минуты.

При 3, 6 и 9-часовых измерениях начальные и конечные амплитуды имеют следующие приблизительные значения

Продолж. измер. в часах	Амплитуды в углов. минутах	
3	39	25
6	39	15
10	39	9

4 б 2. Редуцирование наблюдаемых периодов к нормальным значениям температури и давления

Наблюдаемые периоды маятников приводились К 0° и давлению равному 0 мм по следующей формуле:

$$\Delta T_{t,p} = a \cdot p + b \cdot \sqrt{p} + c \cdot p \cdot t + d \cdot t + e\, t^2 \,,$$

где a, b, c, d, e — константы давления и температуры. Эмпирично определенные константы четырех маятников даны на таблице 2 б.

Табл. 2б.

маятники

	1.	2.	3.	4.
a [10^{-7} c/тор]	−0.7883 ±0.0102	−0.7952 ±0.0053	−0.7946 ±0.0058	−0.7971 ±0.0063
b [10^{-7} c/(тор)$^{1/2}$]	−4.121 ±0.290	−3.623 ±0.152	−3.774 ±0.166	−3.430 ±0.179
c [10^{-7} c/(тор)°C]	+0.00230±0.0020	+0.00246± 0.0010	+0.00255±0.0011	+0.00241±0.00012
d [10^{-7} c/°C]	+0.63 ±0.29	−1.68 ±0.15	+1.02 ±0.17	+0.53 ±0.18
e [10^{-7} c/(°C)^2,	−0.0159 ±0.0069	+0.0110 ±0.0030	−0.0023 ±0.0039	−0.0029 ±0.0042

Температура и давление в отдельных станциях имеют следующие средниезначения

	София I	Потсдам II	СОфия III
[°C]	17.0	16.9	18.2
[тор]	11.1	5.6	7.6

Иногда градиент давления был более 0.1 тор/1 час и достигал до 0.25 тор/1 час. Следует отметить, что температура и давление в станции Потсдам были более постоянными, чем таковые в станции София.

4 б 3. Поправка для сокачения штатива

Поправка для сокачения штатива была выведена на основании формулы Фуртвенглера и Шмееля, в которой дополнительный член был пренебрегнут:

$$(\Delta T_M)_i = -\gamma \left\{1 + \frac{1}{2}\left[\left(\frac{a_K}{a_i}\cos\varphi\right)t_1 + \left(\frac{a_K}{a_i}\cos\varphi\right)t_0\right]\right\}.$$

Константа сокачения штатива γ была определена по сокращенной формуле Ворасса [5]:

$$\gamma = a_{iK}\frac{T^2}{\pi\, t}$$

так как разности в периодах маятников пар незначительны. Средние значения γ по отдельным станциям приведены в следующей таблице:

	София I	Потсдам II	София III
[10^{-7} с]	18.6	28.6	18.8
	18.8	28.0	19.7

Дисперсии значений γ, полученных в результате нескольких определений для одной и той же станции, незначительны. Из вышепомещенной таблицы видно, что колонна (фундамент), на которой провелись наблюдения в Софийской станции, более стабильна, чем таковая в Потсдаме.

4 б 4. Поправка для влияния земного магнитного поля

Поправка для влияния вертикального компонента земного магнитного поля была определена директно для разницы силы тяжести между Софией и Потсдамом на основании определенных в Потсдаме магнитних моментов маятников

M_1	M_2	M_3	M_4	M	
140	77	224	113	138	Гсм^3

В результате вычисления получается $(\Delta g)_M = — 0.22$ мГал. (София к Потсдаму).

5. Точность определения редуцированных периодов в немецких измерениях

На основании вышесказанного о случайных ошибках в периодах получаем: $\overline{m}_E = \pm\sqrt{9 + 6.76 + 10.2 + 4} \cdot 10^{-8} = \pm\, 0.55 \cdot 10^{-7}$ сек. для комплекта A и $\overline{m}_E = 0.58 \cdot 10^{-7}$ сек. для комплекта B. Эти значения валидны для шестичасового измерения. Для ошибок соотвествующих пар маятников получают, не принимая во внимание влияние сокачения штатива, $\overline{m}_P = \pm\, 0.36 \cdot 10^{-7}$ сек. для комплекта A и $\overline{m}_P = \pm\, 0.39^{-7}$ для комплекта B.

Из наблюдений периодов в отдельных станциях были выведены ошибки m_p по маятниковым парам за шестичасовое измерение-табл 5. Эти значения показывают, что кроме известных источников ошибок, на редуцированные периоды маятников влияют и другие источники ошибок, особенно ошибок во временни. Из разностей маятниковых пар в одной станции вычисляем среднюю ошибку.

$$m_\Delta^2 = \frac{[p\, v_\Delta\, v_\Delta]}{p_6\,(n-1)} \qquad \text{для шестичасового измерения.}$$

Если предположить, что все маятники имеют равные систематические ошибки, то $m_\Delta^2 = m^2$, где m^2 имеет значение случайной ошибки для отдельного маятника. Для маятниковой пары будем иметь $\frac{m^2}{2}\Delta = \frac{m^2}{2} = m_{\Delta P}^2$. Далее из измерений среднего маятника можно дооиределить ошибки маятниковой пары

$$m_M^2 = \frac{[p\, v_M\, v_M]}{p_6\,(n-1)}$$

$2\,m_M^2 = m_{MP}^2 = \frac{m^2}{2} + 2\,s^2$ где s — постоянная систематическая ошибка одного маятника. После распределения ошибок по маятниковым парам получается:

$$m_{P_{12}}^2 = \frac{m^2}{2} + s_{12}^2\,,$$

$$m_{P_{34}}^2 = \frac{m^2}{2} + s_{34}^2\,,$$

$$m_{MP}^2 = \frac{m^2}{2} + s_{12}^2 + s_{34}^2\,.$$

Табл. 5

Средние ошибки по периодам маятниковых пар при шестичасовом измерении [10^{-7} сек.]

$\overline{m}_P$	Потсдам I			София			Потсдам II			П — С — П		
	m_P	$m_{\Delta P}$	m_{MP}	m_P	$m_{\Delta P}$	m_{MP}	m_P	$m_{\Delta P}$	m_{MP}	m_P	$m_{\Delta P}$	m_{MP}
A_{12}	0.67			0.72			0.83			0.77		
A_{34}	0.64			0.54			0.58			0.58		
A_M 0.36	0.65	0.21	0.88	0.64	0.29	0.69	0.72	0.43	0.89	0.68	0.34	0.84
B_{12} 0.50	0.50	0.78		0.78			0.68			0.67		
B_{34}	0.92			1.40			1.13			1.17		
B_M 0.39	0.73	0.44	0.94	1.13	0.61	1.45	0.94	0.71	1.06	0.95	0.61	1.18

У комплекта B ошибки маятниковой пары 34 вдвое больше, чем у 12. Возможной причиной этого можно принять ненормальное намагничивание маятника 4.

Если придать наблюдаванным периодам каждого маятника константную систематическую ошибку, то по отдельным маятниковым комплектам из табл. 5 получается

	$\frac{m}{\sqrt{2}}$	s	
A	0.34	0.54	[10^{-7}сек]
B	0.61	0.71	

$\frac{m}{\sqrt{2}}$ означает случайный компонент средней ошибки маятниковых пар. Если принять, что две пары маятников имеют различные систематические ошибки, то получаем

	$\frac{m}{\sqrt{2}}$	s_{12}	s_{34}	
A	0.47	0.61	0.33	[10^{-7} сек]
B	0.65	0.15	0.97	

В заключение можно сказать, что случайные ошибки при наблюдениях находятся в зависимости от порядка величины, выражающей ненадежность измерений отдельных компонентов. Помимо этого имеют место и систематические влияния, которые не следует рассматривать только как ошибки во времени, но и как таковые, получающиеся в результате действия причин, связанных с магнитным строением маятников.

Учитывая это влияние, для среднего маятника при шестичасовом измерении, получаем $m_M = \pm\ 0.72 \cdot 10^{-7}$ сек. Средние разности периодов качания маятниковых пар в различных станциях выражаются следующими цифрами

Потсдам I	+2.68 ± 0.11	−4.60 ± 0.22	[10⁻⁷ сек]
София	+2.89 ± 0.13	−3.64 ± 0.32	
Потсдам IIa	+2.59 ± 0.25	−4.81 ± 0.39	
Потсдам II	+2.65 ± 0.20	−5.01 ± 0.68	

Ошибки присущие станции респ. транспортирования, кроме ошибки явившихся в результать измерений, констатированы не были.

6. Вычисление разности силы тяжести

6a. Немецкие измерения

В таблице приложения I даны значения наблюдаемых и редуцированных, при помощи соотвествующих коэффициентов, периодов для всех разностей регистрированных времен.

Введенные весовые числа вычислены при помощи следующей формулы

$$p_{ik}^0 = M_{ik}^2 G_D\, G_G$$

где $i\,k = 12$ респ. 34.

Факторы M_{ik}, G_D, G_G находтяся в зависимости от поправки сокачения штатива, продолжительности измерения и качества регистрируемых часовых сигналов. M_{ik} — среднее значение двух наименьших из 4 интервалов поправок сокачения пары маятников: $(a_{ik}\ \cos\ \varphi_{ik})_{t_1, t_2}$. Влияние продолжительности измерения G_D, получено по следующей схеме:

время измерения [h]	G_D	время измерения [h]	G_D
0—1.4	1	3.5—6.4	4
1.5—2.4	2	>6.4	5
2.5—3.4	3		

G_G определяется максимальным расхождением четырех разностей, пяти следующих одна за другой секундных марок за один регистрирный термин. Для каждого термина установливается одно значение следующим образом:

Максимальные разности колебателн. периодах	значение
0—10	1
>10	4

Реципрочное среднее значение по всем содержащимся в измерении значениям равно G_G.

В таблице II приводятся средние периоды маятников. Вес одного измерения подсчитан по формуле $p_{ik} = \frac{2}{N} \sum p_{ik}^0$, где N — число содержащихся регистрируемых моментов одного измерения. Указанные номера установки маятников относятся для каждой станции. Измерения на станции Потсдам II разделены на IIa и IIб. Между двумя измер. периодами измерения были преостановлены на 14 дней (от 20. XII. 1958 г. по 3. I. 1959 г). Для определения разности силы тяжести между Потсдамом и София в таби. V. были использованы только периоды четырех маятниковых пар.

В результате анализа периодов маятников было установлено, что наблюдаемые в станции Потсдам IIб значения по комплекту A больше и что периоды маятников по комплекту B изменяются со временем.

Табл. 6a

Средние периоды маятниковых пар

$T = 0.5070/82\ldots +$ Табл. стоиност. 10^{-7} сек.

	A_{12}	A_{34}	B_{12}	B_{34}
Потсдам I	4.61 ± 0.23	7.29 ± 0.22	5.84 ± 0.17	1.24 ± 0.34
София	2633.36 ± 0.26	2636.37 ± 0.21	2642.80 ± 0.30	2639.16 ± 0.55
Потсдам IIa	5.09 ± 0.35	7.68 ± 0.21	6.88 ± 0.23	2.09 ± 0.53
Потсдам IIь	7.85 ± 0.16	9.63 ± 0.25	8.09 ± 0.22	3.11 ± 0.64

В продолжение 14 дневного перерыва в двух потсдамских измерениях маятники комплекта A находились в аппарате. Наступившие по этой причине изменения в периодах маятников были учтены $(3.00 \pm 0.44)\ 10^{-7}$ сек. для пар 12 и $(2.14 \pm 0.42)\ 10^{-7}$ сек. для пар 34. Эти значения соответствуют изменению редуцированной длины маятника от 0.2 до 0.3 μm.

Для средних периодов маятников для комплекта A получается

$$A_{12} \quad 0.5070\ 004.85 \pm 0.17 \cdot 10^{-7} \text{ сек} .$$

$$A_{34} \quad 0.5070\ 007.49 \pm 0.13 \cdot 10^{-7} \text{ сек} .$$

Величины вышеуказанных ошибок вычислены с учетом всех наблюдений в Потсдаме.

Разности между потсдамскими средними значениями и магнитными корригированными софийскими средними значениями приведены в таблице V как исходные значения при вычислении разности силы тяжести.

Средняя ошибка разностей периодов между Потсдамом и Софией определяются по следующей формуле:

$$m^2 (T_П - T_C) = m^2_{T_П} + m^2_{T_C}.$$

Для разности силы тяжести использована формула

$$\Delta g = g_C - g_П = \frac{2 g_П}{T_C}(T_П - T_C) + \frac{g_П}{T_C^2}(T_П - T_C)^2 .$$

Для средней ошибки, с достаточной точностью, имеем

$$m_{\Delta g} = \pm \frac{2 g_P}{T_C} m_{(T_П - T_C)} ,$$

где $g_П$ = 981 275 мГал-сила тяжести в Потсдаме.

Редуцированные периоды маятников измерений с комплектом B были подвергнуты выравнению путем решения следующего уравнения:

$$T_0 + x\,t + \Delta T - T = v \qquad \text{с весом } p$$

где T_0 — период маятника в начале измерения (в Потсдаме I)
x — изменение периодов
ΔT — разность в периодах между Потсдамом и Софией
t — время
T — наблюдаемая величина периода.

В результате этих исчислений было получено

	x [10^{-9} c/d]	T [10^{-7} c]	T_0 [c]
			0.5082...
B_{12}	3.32 ± 0.50	2636.39 ± 0.30	005.62
B_{34}	2.88 ± 1.06	2637.36 ± 0.65	001.03

Разность силы тяжести в таблице V вычислены с этими численными значениями.

Среднее из четырех крайних значений вычислено в соотвествии с величиной их ошибок и ошибок по средним значениям рассеивания, с учетом весов.

Немецкие измерения разности силы тяжести между Потсдамом и Софией дает

$$g_{II} - g_C = 1016.97 \pm 0.17 \text{ мГал} .$$

6.б. Болгарские измерения

В приведенной таблице III даны наблюдаемые и редуцированные периоды маятников вместе с соответствующей редукций для всех наблюдаемых периодов. Фактор $\Delta\tau$ в самой правой части таблицы означает интервал в часах, из которых выведены соответствующие периоды. В приведенной таблице 6б даны средние периоды по отдельным станциям. Вес одного измерения $\frac{2}{N} \sum \Delta\tau$, где N число регистрационных времен одного измерения.

В таблице 6б даны средние периоды для маятниковых пар:

Табл. 6б

$T = 0.4925 +$ табличные величины. 10^{-7}

	12	34
София I	2779.61 ± 0.79	2795.61 ± 1.06
Потсдам II	219.49 ± 0.70	239.56 ± 0.76
София III	2776.90 ± 0.70	2796.60 ± 0.84

Средняя ошибка разности периодов между Потсдамом и Софией была определена уравнением

$$m^2_{(T_C - T_\Pi)} = m^2_{T_\Pi} + m^2_{T_C} .$$

Разность силы тяжести определена по формуле

$$g_C - g_\Pi = -2\, g_\Pi \frac{T_C - T_\Pi}{T_\Pi} + 3\, g_\Pi \left(\frac{T_C - T_\Pi}{T_\Pi}\right)^2$$

где $g_\Pi = 981{,}275$ мГал — сили тяжести в Потсдаме.

Окончательные результаты даны в приведенной таблице v. Конечный результат получен как среднее двух величин $(g_C - g_\Pi)_{1/2}$ и $(g_C - g_\Pi)_{3/4}$, с учетом средней ошибки. Здесь принята во внимание величина магнитной поправки $\Delta g_M = -0.22$ мГал для Софии.

Для окончательного результата получаем

$$g_\Pi - g_C = 1018.23 \pm 0.38 \text{ мГал} .$$

B. TABELLEN — Б. ТАБЛИЦЫ

TABELLE I

Die beobachteten Schwingungszeiten der deutschen Messungen und ihre Reduktionen

P o t s d a m I

Pendelsatz γ_{ik} $[10^{-7}$ s]	Datum	Nr. Mess.	Meßzeit	Nr. Pendel	t [°C]	p [Torr]	a_A [']	a_E [']	ΔT_a	$\Delta T_{t,p}$	ΔT_M	T_B	T	P^o_{ik}
													0,5070...	
A	27.X. 1958	1	$13^{03}-15^{04}$	1	15,20	9,50	46,4	36,5	- 35,2	- 17,6	+ 0,1	057,8	005,1	1,92
				2			45,9	37,2	- 35,5	- 15,2	- 0,2	054,2	003,3	
$\gamma_{12}=21,9$				3			46,3	37,7	- 36,4	- 14,1	- 0,4	057,6	006,7	1,88
				4			46,9	36,2	- 35,3	- 15,4	+ 0,2	056,5	006,0	
$\gamma_{34}=22,6$													005,3	
			$13^{03}-17^{03}$	1	15,30	9,55	46,4	28,9	- 26,6	- 17,9	+ 0,4	049,0	004,9	3,76
				2			45,9	30,3	- 27,6	- 15,5	- 0,4	047,6	004,1	
				3			46,3	30,5	- 28,2	- 14,2	- 0,7	050,4	007,3	3,69
				4			46,9	28,2	- 26,3	- 15,6	+ 0,7	047,5	006,3	
													005,6	
			$13^{03}-18^{52}$	1	15,40	9,60	46,4	23,4	- 20,6	- 18,3	+ 0,7	042,9	004,7	3,69
				2			45,9	25,2	- 22,2	- 15,9	- 0,9	042,2	003,2	
				3			46,3	25,1	- 22,4	- 14,3	- 1,1	045,2	007,4	3,61
				4			46,9	22,8	- 20,4	- 15,8	+ 1,1	040,8	005,7	
													005,2	
			$15^{04}-17^{03}$	1	15,40	9,55	36,5	28,9	- 17,8	- 18,1	+ 0,9	040,1	005,1	1,[illegible]
				2			37,2	30,3	- 19,6	- 15,7	- 0,7	040,4	004,4	
				3			37,7	30,5	- 20,2	- 14,2	- 1,4	043,1	007,3	1,77
				4			36,2	28,2	- 17,0	- 15,6	+ 1,4	038,6	007,4	
													006,0	
			$15^{04}-18^{52}$	1	15,45	9,65	36,5	23,4	- 13,0	- 18,4	+ 1,1	035,0	004,7	3,69
				2			37,2	25,2	- 15,0	- 16,0	- 0,9	035,8	003,9	
				3			37,7	25,1	- 15,4	- 14,4	- 1,6	038,8	007,4	3,46
				4			36,2	22,8	- 12,1	- 15,8	+ 1,6	032,5	006,2	
													005,6	
			$17^{03}-18^{52}$	1	15,55	9,75	28,9	23,4	- 7,5	- 18,7	+ 1,3	029,6	004,7	1,77
				2			30,3	25,2	- 9,8	- 16,2	- 1,3	030,1	002,8	
				3			30,5	25,1	- 9,8	- 14,5	- 1,8	033,8	007,7	1,69
				4			28,2	22,8	- 6,6	- 16,0	+ 2,0	025,8	005,2	
													005,1	

Pendelsatz γ_{ik} $[10^{-7}\ s]$	Datum	Nr. Mess.	Meßzeit	Nr. Pendel	t $[^{\circ}C]$	p [Torr]	a_A ["]	a_B ["]	ΔT_a	$\Delta T_{t,P}$	ΔT_M	T_B	T	P^{o}_{ik}
												0,5070...		
	27.X. 1958	2	19^{06}–21^{03}	1	15,50	9,95	44,9	36,3	– 33,3	– 19,0	– 0,2	057,4	004,9	1,96
				2			44,1	36,2	– 32,4	– 16,5	+ 0,2	052,4	003,7	
				3			45,0	36,7	– 34,0	– 14,9	– 0,5	057,6	008,2	1,92
				4			44,4	35,4	– 31,9	– 16,2	+ 0,5	054,3	006,7	
													005,9	
			19^{06}–22^{03}	1	15,50	9,95	44,9	32,0	– 28,5	– 19,0	– 0,2	052,9	005,2	2,94
				2			44,1	32,1	– 28,0	– 16,5	+ 0,2	048,3	004,0	
				3			45,0	33,2	– 29,9	– 14,9	– 0,9	053,2	007,5	2,76
				4			44,4	31,1	– 27,0	– 16,2	+ 0,9	049,9	007,6	
													006,1	
			21^{03}–22^{03}	1	15,50	10,00	36,3	32,0	– 20,4	– 19,0	0,0	044,0	004,6	1,00
				2			36,2	32,1	– 20,3	– 16,5	0,0	040,3	003,5	
				3			36,7	33,2	– 22,0	– 14,9	– 1,1	044,8	006,8	0,90
				4			35,4	31,1	– 18,8	– 16,2	+ 1,1	041,3	007,4	
													005,6	
												0,5070...		
	27./28.X. 1958	3	22^{35}– 9^{04}	1	15,40	9,95	45,8	13,0	– 9,8	– 18,8	+ 1,6	032,0	005,0	4,32
				2			45,3	14,9	– 11,4	– 16,3	– 1,4	031,8	002,7	
				3			45,3	14,1	– 10,5	– 14,8	– 1,6	034,2	007,3	4,61
				4			45,5	13,0	– 9,5	– 16,2	+ 1,8	030,1	006,2	
													005,3	

Pendelsatz γ_{ik} [10^{-7} s]	Datum	Nr. Mess.	Meßzeit	Nr. Pendel	t [°C]	p [Torr]	a_A [']	a_E [']	ΔT_a	$\Delta T_{t,p}$	ΔT_M	T_B	T	P^0_{ik}
													0,5070...	
	28.X. 1958	4	$13^{08}-15^{03}$	1	15,50	10,80	44,6	35,8	− 32,5	− 20,1	+ 0,2	057,8	005,4	1,92
				2			44,5	36,8	− 33,5	− 17,8	− 0,4	056,0	004,3	
				3			44,9	36,8	− 34,1	− 16,0	− 0,5	058,6	008,0	1,92
				4			44,7	35,5	− 32,3	− 17,4	+ 0,5	056,0	006,8	
													006,1	
			$13^{08}-17^{03}$	1	15,50	10,80	44,6	28,2	− 24,1	− 20,1	+ 0,9	048,0	004,7	3,69
				2			44,5	30,3	− 26,3	− 17,8	− 0,9	049,0	004,0	
				3			44,9	30,2	− 26,5	− 16,0	− 0,9	050,1	006,7	3,69
				4			44,7	28,0	− 24,1	− 17,4	+ 0,9	047,2	006,6	
													005,5	
			$15^{03}-17^{03}$	1	15,50	10,80	35,8	28,2	− 16,6	− 20,1	+ 1,1	038,4	002,8	1,80
				2			36,8	30,3	− 19,3	− 17,8	− 1,1	042,1	003,9	
				3			36,8	30,2	− 19,2	− 16,0	− 1,3	042,0	005,5	1,77
				4			35,5	28,0	− 16,2	− 17,4	+ 1,4	038,6	006,4	
													004,6	

Pendelsatz γ_{ik} [10^{-7} s]	Datum	Nr. Mess.	Meßzeit	Nr. Pendel	t [°C]	p [Torr]	a_A [']	a_E [']	ΔT_a	$\Delta T_{t,P}$	ΔT_M	T_B	T	P^o_{ik}
												0,5070...		
	28.X. 1958	5	19^{03}–21^{03}	1	15,40	10,80	44,6	35,3	– 31,9	– 20,0	– 0,1	057,0	005,0	1,96
				2			44,2	35,4	– 31,6	– 17,7	0,0	052,0	002,7	
				3			44,7	36,6	– 33,5	– 16,0	– 0,5	056,8	006,8	1,88
				4			44,5	34,7	– 31,1	– 17,5	+ 0,5	055,2	007,1	
													005,4	
			19^{03}–22^{03}	1	15,40	10,80	44,6	31,3	– 27,5	– 20,0	0,0	052,2	004,7	2,94
				2			44,2	31,8	– 27,7	– 17,7	0,0	047,9	002,5	
				3			44,7	33,0	– 29,4	– 16,0	– 0,9	053,0	006,7	2,76
				4			44,5	30,5	– 26,5	– 17,5	+ 0,9	049,8	006,7	
													005,2	
			21^{03}–22^{03}	1	15,40	10,80	35,3	31,3	– 19,0	– 20,0	0,0	042,4	003,4	0,98
				2			35,4	31,8	– 19,4	– 17,7	– 0,2	039,6	002,3	
				3			36,6	33,0	– 21,8	– 16,0	– 1,4	045,6	006,4	0,88
				4			34,7	30,5	– 17,7	– 17,5	+ 1,6	039,0	005,4	
													004,4	
												0,5070...		
	28./29.X. 1958	6	22^{35}– 9^{03}	1	15,40	10,85	46,1	12,4	– 9,4	– 20,0	+ 2,0	033,0	005,6	4,14
				2			45,8	14,8	– 11,7	– 17,7	– 1,6	032,0	001,0	
				3			46,3	13,8	– 11,0	– 16,0	– 1,1	034,4	006,3	4,80
				4			45,9	13,3	– 10,1	– 17,5	+ 1,2	031,6	005,2	
													004,5	

Pendelsatz γ_{ik} [10^{-7} s]	Datum	Nr. Mess.	Meßzeit	Nr. Pendel	t [°C]	p [Torr]	a_A [']	a_E [']	ΔT_a	$\Delta T_{t,P}$	ΔT_M	T_B	T	P^o_{ik}
													o,5o7o...	
A	3.XI. 1958	19	13^{12}–15^{12}	1	15,55	6,25	45,8	37,5	– 35,7	– 13,3	– o,2	o54,o	oo4,8	1,96
				2			44,7	37,6	– 34,6	– 1o,8	+ o,2	o49,3	oo4,1	
γ_{12} = 21,6				3			45,3	38,1	– 35,9	– 9,5	– o,4	o53,4	oo7,6	1,92
γ_{34} = 2o,o				4			45,o	36,4	– 33,6	– 11,o	+ o,6	o5o,8	oo6,8	
													oo5,8	
			13^{12}–17^{12}	1	15,5o	6,6o	45,8	3o,7	– 28,o	– 13,8	o,o	o46,2	oo4,4	3,76
				2			44,7	31,6	– 28,o	– 11,3	o,o	o44,2	oo4,9	
				3			45,3	31,9	– 28,8	– 1o,o	– o,8	o48,o	oo8,4	3,69
				4			45,o	29,6	– 26,o	– 11,3	+ o,8	o43,2	oo6,7	
													oo6,1	
			13^{12}–19^{14}	1	15,45	6,85	45,8	25,3	– 22,2	– 14,1	+ o,3	o39,8	oo3,8	3,76
				2			44,7	26,4	– 22,4	– 11,6	– o,3	o39,4	oo5,1	
				3			45,3	26,1	– 22,6	– 1o,3	– o,8	o42,6	oo8,9	3,76
				4			45,o	24,6	– 2o,6	– 11,7	+ o,8	o37,6	oo6,1	
													oo6,o	
			15^{12}–17^{12}	1	15,45	6,95	37,5	3o,7	– 2o,2	– 14,4	+ o,4	o38,4	oo4,2	1,92
				2			37,6	31,6	– 21,3	– 11,9	– o,4	o39,1	oo5,5	
				3			38,1	31,9	– 22,o	– 1o,6	– 1,2	o42,7	oo8,9	1,77
				4			36,4	29,6	– 18,3	– 11,9	+ 1,2	o35,7	oo6,7	
													oo6,3	
			15^{12}–19^{14}	1	15,4o	7,15	37,5	25,3	– 15,3	– 14,5	+ o,4	o32,8	oo3,4	3,84
				2			37,6	26,4	– 16,4	– 12,o	– o,4	o34,5	oo5,7	
				3			38,1	26,1	– 16,6	– 1o,7	– 1,o	o37,2	oo8,9	3,61
				4			36,4	24,6	– 14,o	– 12,2	+ 1,o	o31,o	oo5,8	
													oo6,o	
			17^{12}–19^{14}	1	15,35	7,35	3o,7	25,3	– 1o,1	– 14,8	+ o,8	o27,2	oo3,1	1,84
				2			31,6	26,4	– 11,6	– 12,3	– o,8	o3o,o	oo5,3	
				3			31,9	26,1	– 11,6	– 11,o	– 1,4	o31,6	oo7,6	1,73
				4			29,6	24,6	– 8,9	– 12,5	+ 1,4	o26,3	oo6,3	
													oo5,6	

Pendelsatz γ_{ik} [10^{-7} s]	Datum	Nr. Mess.	Meßzeit	Nr. Pendel	t [°C]	p [Torr]	a_A [']	a_E [']	ΔT_a	$\Delta T_{t,P}$	ΔT_M	T_B	T	P^o_{ik}
												0,5070 ...		
	3.XI. 1958	20	19^{22}–21^{18}	1	15,30	7,50	45,2	37,6	– 35,2	– 14,8	– 0,2	055,0	004,8	1,96
				2			44,6	37,5	– 34,4	– 12,3	+ 0,2	052,2	005,7	
				3			45,2	38,3	– 36,0	– 11,2	– 0,6	057,2	009,4	1,88
				4			44,5	36,4	– 33,1	– 12,6	+ 0,6	052,8	007,7	
													006,9	
			19^{22}–22^{17}	1	15,30	7,50	45,2	33,8	– 30,8	– 14,8	0,0	051,3	005,7	2,88
				2			44,6	34,5	– 31,0	– 12,3	0,0	048,6	005,3	
				3			45,2	34,8	– 32,0	– 11,2	– 0,4	053,8	010,2	2,88
				4			44,5	33,9	– 30,1	– 12,6	+ 0,4	048,4	006,1	
													006,8	
			21^{18}–22^{17}	1	15,30	7,50	37,6	33,8	– 23,4	– 14,8	+ 0,2	043,9	005,9	0,98
				2			37,5	34,5	– 24,0	– 12,3	– 0,2	041,2	004,7	
				3			38,3	34,8	– 25,0	– 11,2	– 0,8	047,2	010,2	0,92
				4			36,4	33,9	– 22,4	– 12,6	+ 0,8	039,8	005,6	
													006,6	
												0,5070 ...		
	3./4.XI. 1958	21	22^{37}– 8^{37}	1	15,20	7,65	47,0	17,2	– 15,0	– 14,8	+ 1,2	032,8	004,2	4,61
				2			46,7	18,4	– 15,8	– 12,3	– 1,1	034,6	005,4	
				3			46,8	17,3	– 14,9	– 11,4	– 0,9	037,1	009,9	4,80
				4			46,9	17,1	– 14,8	– 12,8	+ 0,9	032,2	005,5	
													006,2	

Pendelsatz γ_{ik} [10^{-7} s]	Datum	Nr. Mess.	Meßzeit	Nr. Pendel	t [°C]	p [Torr]	a_A [']	a_B [']	ΔT_a	$\Delta T_{t,p}$	ΔT_M	T_B	T	P^o_{ik}
												o,567o...		
	4.XI. 1958	22	$13^{12}-15^{13}$	1	15,2o	8,15	44,7	35,9	− 32,7	− 15,7	− o,2	o56,4	oo7,8	1,96
				2			43,7	35,8	− 31,5	− 13,2	+ o,2	o5o,6	oo6,1	
				3			44,9	37,3	− 34,5	− 12,2	− 1,o	o56,4	oo8,7	1,8o
				4			43,8	34,8	− 3o,4	− 13,6	+ o,8	o53,8	o1o,6	
													oo8,3	
			$13^{12}-17^{18}$	1	15,2o	8,15	44,7	28,9	− 25,o	− 15,7	+ o,1	o47,2	oo6,6	3,76
				2			43,7	29,9	− 25,2	− 13,2	− o,1	o43,7	oo5,2	
				3			44,9	3o,4	− 26,8	− 12,2	− o,6	o49,o	oo9,4	3,76
				4			43,8	29,3	− 24,7	− 13,6	+ o,6	o44,2	oo6,5	
													oo6,9	
			$13^{12}-19^{12}$	1	15,2o	8,2o	44,7	23,7	− 19,7	− 15,7	+ o,4	o4o,6	oo5,6	3,69
				2			43,7	25,2	− 2o,3	− 13,2	− o,4	o39,o	oo5,1	
				3			44,9	25,1	− 21,2	− 12,2	− 1,4	o43,4	oo8,6	3,53
				4			43,8	22,9	− 18,1	− 13,6	+ 1,4	o37,8	oo7,5	
													oo6,7	
			$15^{13}-17^{18}$	1	15,2o	8,2o	35,9	28,9	− 17,3	− 15,7	+ o,4	o38,2	oo5,6	1,92
				2			35,8	29,9	− 18,1	− 13,2	− o,4	o37,o	oo5,3	
				3			37,3	3o,4	− 19,8	− 12,2	− 1,o	o41,8	oo8,8	1,8o
				4			34,8	29,3	− 16,8	− 13,6	+ 1,o	o35,o	oo5,6	
													oo6,3	
			$15^{13}-19^{12}$	1	15,2o	8,2o	35,9	23,7	− 12,8	− 15,7	+ o,6	o32,6	oo4,7	3,76
				2			35,8	25,2	− 14,o	− 13,2	− o,6	o33,1	oo5,3	
				3			37,3	25,1	− 15,1	− 12,2	− 1,6	o36,8	oo7,9	3,39
				4			34,8	22,9	− 11,2	− 13,6	+ 1,6	o29,8	oo6,6	
													oo6,1	
			$17^{18}-19^{12}$	1	15,2o	8,2o	28,9	23,7	− 7,6	− 15,7	+ o,9	o26,4	oo4,o	1,8o
				2			29,9	25,2	− 9,4	− 13,2	− 1,1	o28,8	oo5,1	
				3			3o,4	25,1	− 9,8	− 12,2	− 1,2	o31,4	oo8,2	1,77
				4			29,3	22,9	− 7,4	− 13,6	+ 1,2	o24,2	oo4,4	
													oo5,4	

Pendelsatz τ_{ik} [10^{-7} s]	Datum	Nr. Mess.	Meßzeit	Nr. Pendel	t [°C]	p [Torr]	a_A [']	a_E [']	ΔT_a	$\Delta T_{t,P}$	ΔT_M	T_B	T	P^0_{ik}
												0,5070...		
	4.XI. 1958	23	19^{23}–21^{17}	1	15,20	8,20	45,2	36,5	− 32,8	− 15,7	− 0,2	056,7	008,0	1,96
				2			44,1	36,7	− 33,0	− 13,2	+ 0,2	051,7	005,7	
				3			45,8	38,5	− 36,9	− 12,2	− 1,0	059,4	009,3	1,80
				4			45,0	35,7	− 32,7	− 13,6	+ 0,8	053,7	008,2	
													007,8	
			19^{23}–22^{17}	1	15,20	8,20	45,2	33,0	− 29,9	− 15,7	0,0	052,2	006,6	2,88
				2			44,1	33,7	− 29,5	− 13,2	0,0	048,0	005,3	
				3			45,8	35,1	− 33,0	− 12,2	− 1,2	055,1	008,7	2,65
				4			45,0	32,0	− 28,6	− 13,6	+ 1,2	049,0	008,0	
													007,2	
			21^{17}–22^{17}	1	15,20	8,20	36,5	33,0	− 21,5	− 15,7	+ 0,2	043,4	006,4	0,98
				2			36,7	33,7	− 22,5	− 13,2	− 0,2	041,0	005,1	
				3			38,5	35,1	− 25,4	− 12,2	− 1,6	046,9	007,7	0,85
				4			35,7	32,0	− 19,9	− 13,6	+ 1,8	040,1	008,4	
													006,9	
												0,5070...		
	4./5.XI. 1958	24	22^{39}– 8^{37}	1	15,15	8,30	45,3	15,9	− 12,4	− 15,7	+ 1,2	031,0	004,1	4,51
				2			44,4	17,2	− 13,0	− 13,3	− 1,1	033,1	005,7	
				3			45,3	16,4	− 13,0	− 12,3	− 1,1	035,9	009,5	4,70
				4			45,2	15,5	− 12,0	− 13,7	+ 1,3	031,4	007,0	
													006,6	

Pendelsatz γ_{ik} [10^{-7} s]	Datum	Nr. Mess.	Meßzeit	Nr. Pendel	t [°C]	p [Torr]	a_A [']	a_E [']	ΔT_a	$\Delta T_{t,P}$	ΔT_M	T_B	T	P^o_{ik}
												0,5081/2...		
B	29.X. 1958	7	$13^{03}-15^{11}$	1	15,75	6,35	45,0	35,8	- 33,0	- 16,7	0,0	058,1	008,4	1,96
				2			44,9	36,3	- 33,3	- 15,2	- 0,3	054,2	005,4	
γ_{12}= 25,2				3			45,4	37,4	- 35,2	- 16,3	- 0,9	050,4	998,0	1,84
				4			45,1	35,0	- 32,1	- 16,6	+ 0,6	057,0	008,9	
γ_{34}= 21,3													005,2	
			$13^{03}-17^{03}$	1	15,70	6,55	45,0	30,2	- 26,6	- 16,9	- 0,1	051,0	007,4	4,00
				2			44,9	30,1	- 26,6	- 15,4	0,0	046,8	004,8	
				3			45,4	32,1	- 29,1	- 16,5	- 1,7	043,8	996,5	3,39
				4			45,1	27,6	- 24,0	- 16,8	+ 1,7	047,5	008,4	
													004,3	
			$13^{03}-18^{51}$	1	15,65	6,80	45,0	24,6	- 20,7	- 17,3	+ 0,1	045,4	007,5	3,92
				2			44,9	25,2	- 21,2	- 15,8	0,0	040,8	003,8	
				3			45,4	27,3	- 24,0	- 16,9	- 1,9	038,6	995,8	3,17
				4			45,1	21,8	- 18,1	- 17,2	+ 2,3	040,0	007,0	
													003,5	
			$15^{11}-17^{03}$	1	15,65	6,80	35,8	30,2	- 18,3	- 17,3	0,0	043,0	007,4	1,96
				2			36,3	30,1	- 18,8	- 15,8	- 0,1	038,4	003,7	
				3			37,4	32,1	- 21,5	- 16,9	- 2,3	036,3	995,6	1,58
				4			35,0	27,6	- 15,3	- 17,2	+ 2,2	036,6	006,3	
													003,2	
			$15^{11}-18^{51}$	1	15,65	7,05	35,8	24,6	- 13,5	- 17,7	+ 0,5	037,8	007,1	3,84
				2			36,3	25,2	- 14,3	- 16,1	- 0,5	033,0	002,1	
				3			37,4	27,3	- 17,1	- 17,3	- 3,0	031,7	994,3	2,96
				4			35,0	21,8	- 10,4	- 17,6	+ 3,2	030,1	005,3	
													002,2	
			$17^{03}-18^{51}$	1	15,60	7,30	30,2	24,6	- 9,3	- 18,0	+ 0,3	032,6	005,6	1,96
				2			30,1	25,2	- 9,6	- 16,4	- 0,3	027,6	001,3	
				3			32,1	27,3	- 12,9	- 17,6	- 3,8	026,9	992,6	1,34
				4			27,6	21,8	- 5,4	- 17,7	+ 4,3	023,4	004,6	
													001,0	

Pendelsatz γ_{ik} $[10^{-7}$ s$]$	Datum	Nr. Mess.	Meßzeit	Nr. Pendel	t [°C]	p [Torr]	a_A [']	a_E [']	ΔT_a	$\Delta T_{t,P}$	ΔT_M	T_B	T	P^{o}_{ik}
												0,5081/2...		
	29.X. 1958	8	19^{06}–21^{04}	1	15,60	7,60	46,1	37,3	− 35,8	− 18,5	− 0,3	060,4	005,8	1,96
				2			45,9	36,6	− 34,9	− 16,9	+ 0,3	054,2	002,7	
				3			45,9	38,0	− 36,4	− 18,1	− 0,9	049,4	994,0	1,80
				4			46,3	35,3	− 33,7	− 18,3	+ 0,5	058,0	006,5	
													002,2	
			19^{06}–22^{04}	1	15,60	7,65	46,1	33,3	− 31,1	− 18,5	− 0,3	056,5	006,6	2,94
				2			45,9	32,8	− 30,3	− 17,0	+ 0,3	050,4	003,4	
				3			45,9	35,0	− 33,0	− 18,1	− 1,3	046,6	994,2	2,59
				4			46,3	30,7	− 28,4	− 18,3	+ 1,3	052,6	007,2	
													002,8	
			21^{04}–22^{04}	1	15,60	7,70	37,3	33,3	− 22,7	− 18,6	− 0,5	048,6	006,8	0,96
				2			36,6	32,8	− 21,5	− 17,0	+ 0,5	042,7	004,7	
				3			38,0	35,0	− 25,0	− 18,2	− 2,3	041,0	995,5	0,79
				4			35,3	30,7	− 18,4	− 18,4	+ 1,9	042,0	007,1	
													003,5	
												0,5081/2...		
	29./30.X. 1958	9	22^{34}– 9^{03}	1	15,55	7,95	45,2	13,8	− 10,0	− 18,9	+ 1,6	034,8	007,5	4,42
				2			45,8	15,6	− 12,5	− 17,3	− 1,3	035,0	003,9	
				3			45,9	16,8	− 13,8	− 18,5	− 2,8	031,6	996,5	3,70
				4			45,0	12,7	− 9,0	− 18,7	+ 3,4	028,0	003,7	
													002,9	

Pendelsatz γ_{ik} $[10^{-7}$ s]	Datum	Nr. Mess.	Meßzeit	Nr. Pendel	t [°C]	p [Torr]	a_A [']	a_B [']	ΔT_a	$\Delta T_{t,P}$	ΔT_M	T_B	T	P^o_{ik}
												0,5081/2...		
	30.X. 1958	10	$13^{04}-15^{02}$	1	15,55	8,30	46,3	37,4	− 36,1	− 19,5	+ 0,1	062,8	007,3	2,00
				2			46,8	37,5	− 36,8	− 17,8	− 0,1	060,0	005,3	
				3			46,7	38,5	− 38,0	− 19,1	− 0,9	054,2	996,2	1,84
				4			46,9	35,7	− 34,9	− 19,2	+ 0,6	062,3	008,8	
													004,4	
			$13^{04}-17^{02}$	1	15,55	8,30	46,3	29,7	− 27,3	− 19,5	+ 0,5	054,5	008,2	3,84
				2			46,8	30,4	− 28,6	− 17,8	− 0,5	051,1	004,2	
				3			46,7	32,1	− 30,3	− 19,1	− 1,7	046,4	995,3	3,39
				4			46,9	27,2	− 25,2	− 19,2	+ 1,7	051,2	008,5	
													004,0	
			$13^{04}-18^{56}$	1	15,55	8,35	46,3	23,5	− 20,6	− 19,6	+ 0,8	048,0	008,6	3,76
				2			46,8	24,9	− 22,7	− 17,9	− 0,5	044,9	003,8	
				3			46,7	26,8	− 24,6	− 19,2	− 1,9	041,3	995,6	3,10
				4			46,9	20,8	− 18,5	− 19,3	+ 2,7	042,4	007,3	
													003,8	
			$15^{02}-17^{02}$	1	15,55	8,30	37,4	29,7	− 19,2	− 19,5	+ 0,3	046,4	008,0	1,96
				2			37,5	30,4	− 20,0	− 17,8	− 0,3	042,2	004,1	
				3			38,5	32,1	− 22,6	− 19,1	− 2,6	038,7	994,4	1,55
				4			35,7	27,2	− 15,6	− 19,2	+ 2,6	040,3	008,1	
													003,6	
			$15^{02}-18^{56}$	1	15,55	8,35	37,4	23,5	− 13,8	− 19,6	+ 0,8	040,4	007,8	3,76
				2			37,5	24,9	− 15,0	− 17,9	− 0,8	037,3	003,6	
				3			38,5	26,8	− 17,5	− 19,2	− 3,2	034,8	994,9	2,89
				4			35,7	20,8	− 10,1	− 19,3	+ 3,8	032,3	006,7	
													003,2	
			$17^{02}-18^{56}$	1	15,50	8,45	29,7	23,5	− 8,1	− 19,6	+ 1,0	034,1	007,4	1,84
				2			30,4	24,9	− 9,5	− 18,0	− 1,0	032,2	003,7	
				3			32,1	26,8	− 12,4	− 19,1	− 4,1	030,6	995,0	1,31
				4			27,2	20,8	− 4,6	− 19,4	+ 4,7	023,8	004,5	
													002,6	

Pendelsatz γ_{ik} [1o⁻⁷ s]	Datum	Nr. Mess.	Meßzeit	Nr. Pendel	t [°C]	p [Torr]	a_A [']	a_E [']	ΔT_a	$\Delta T_{t,P}$	ΔT_M	T_B	T	P^o_{ik}
												0,5o81/2...		
	3o.X. 1958	11	19^{oo}–21^{o4}	1	15,5o	8,6o	45,8	36,2	− 34,2	− 19,9	+ o,5	o6o,6	oo7,o	1,92
				2			46,7	37,2	− 36,3	− 18,2	− o,5	o6o,2	oo5,2	
				3			46,4	38,2	− 37,2	− 19,3	− 1,3	o54,2	996,4	1,77
				4			45,9	34,7	− 32,5	− 19,6	+ 1,1	o59,5	oo8,5	
													oo4,3	
			19^{oo}–22^{o4}	1	15,5o	8,6o	45,8	32,2	− 29,6	− 19,9	+ o,5	o55,8	oo6,8	2,88
				2			46,7	33,1	− 31,5	− 18,2	− o,5	o54,8	oo4,6	
				3			46,4	34,6	− 33,o	− 19,3	− 1,7	o5o,2	996,2	2,54
				4			45,9	3o,1	− 27,4	− 19,6	+ 1,5	o53,1	oo7,6	
													oo3,8	
			21^{o4}–22^{o4}	1	15,5o	8,6o	36,2	32,2	− 2o,5	− 19,9	+ o,8	o45,8	oo6,2	o,94
				2			37,2	33,1	− 22,3	− 18,2	− o,5	o44,4	oo3,4	
				3			38,2	34,6	− 24,7	− 19,3	− 2,6	o42,2	995,6	o,77
				4			34,7	3o,1	− 17,4	− 19,6	+ 2,5	o39,8	oo5,3	
													oo2,6	
												0,5o81/2...		
	3o./31.X. 1958	12	22^{32}– 9^{o2}	1	15,45	9,oo	46,2	12,8	− 9,9	− 2o,4	+ 1,8	o35,2	oo6,7	4,42
				2			46,3	14,6	− 11,9	− 18,8	− 1,5	o35,6	oo3,4	
				3			46,3	16,2	− 13,3	− 19,9	− 3,o	o3o,o	993,8	3,53
				4			45,9	11,4	− 8,3	− 2o,1	+ 4,4	o27,4	oo3,4	
													oo1,8	

Pendelsatz γ_{ik} [10^{-7} s]	Datum	Nr. Mess.	Meßzeit	Nr. Pendel	t [°C]	p [Torr]	a_A [']	a_E [']	ΔT_a	$\Delta T_{t,P}$	ΔT_M	T_B	T	P^o_{ik}
													0,5081/2...	
B	5.XI. 1958	25	13^{12}–15^{12}	1	15,30	5,05	45,4	37,7	– 35,5	– 13,7	0,0	056,7	007,5	1,96
				2			45,0	38,2	– 35,6	– 12,3	0,0	052,9	005,0	
γ_{12}= 20,3				3			45,2	39,2	– 37,0	– 13,2	– 0,7	048,0	997,1	1,84
				4			45,4	36,5	– 34,2	– 13,3	+ 0,6	055,7	008,8	
γ_{34}= 18,4													004,6	
			13^{12}–17^{12}	1	15,30	5,15	45,4	31,1	– 28,0	– 13,9	+ 0,4	049,0	007,5	3,84
				2			45,0	32,3	– 29,0	– 12,4	– 0,2	047,0	005,4	
				3			45,2	34,0	– 31,0	– 13,3	– 1,5	042,6	996,8	3,39
				4			45,4	28,9	– 25,7	– 13,4	+ 1,5	045,9	008,3	
													004,5	
			13^{12}–19^{09}	1	15,30	5,25	45,4	26,1	– 22,8	– 14,0	+ 0,4	042,9	006,5	3,84
				2			45,0	27,1	– 23,4	– 12,6	– 0,2	042,0	005,8	
				3			45,2	29,3	– 26,0	– 13,5	– 1,5	038,2	997,2	3,24
				4			45,4	23,4	– 20,0	– 13,6	+ 2,0	038,1	006,5	
													004,0	
			15^{12}–17^{12}	1	15,25	5,25	37,7	31,1	– 20,4	– 13,9	+ 0,6	041,2	007,5	1,92
				2			38,2	32,3	– 22,5	– 12,5	– 0,4	041,2	005,8	
				3			39,2	34,0	– 25,0	– 13,4	– 2,2	037,2	996,6	1,55
				4			36,5	28,9	– 17,8	– 13,4	+ 2,2	036,4	007,4	
													004,3	
			15^{12}–19^{09}	1	15,25	5,30	37,7	26,1	– 16,3	– 14,1	+ 0,6	035,9	006,1	3,84
				2			38,2	27,1	– 17,6	– 12,6	– 0,4	036,4	005,8	
				3			39,2	29,3	– 20,4	– 13,5	– 2,6	033,2	996,7	2,96
				4			36,5	23,4	– 13,0	– 13,5	+ 3,0	029,2	005,7	
													003,6	
			17^{12}–19^{09}	1	15,30	5,40	31,1	26,1	– 11,0	– 14,3	+ 0,8	030,4	005,9	1,84
				2			32,3	27,1	– 12,9	– 12,8	– 0,8	031,8	005,3	
				3			34,0	29,3	– 16,0	– 13,7	– 3,3	029,1	996,1	1,34
				4			28,9	23,4	– 7,5	– 13,9	+ 3,9	021,7	004,2	
													002,9	

Pendelsatz γ_{ik} [10^{-7} s]	Datum	Nr. Mess.	Meßzeit	Nr. Pendel	t [°C]	p [Torr]	a_A [']	a_E [']	ΔT_a	$\Delta T_{t,P}$	ΔT_M	T_B	T	P^o_{ik}
													0,5081/2...	
	5.XI. 1958	26	19^{23}–21^{17}	1	15,30	5,50	45,1	37,6	– 35,1	– 14,6	0,0	057,3	007,6	1,96
				2			44,6	37,9	– 35,0	– 13,1	0,0	052,9	004,8	
				3			45,3	39,2	– 37,1	– 14,0	– 0,7	049,4	997,6	1,84
				4			45,4	36,7	– 34,4	– 14,1	+ 0,6	054,6	006,7	
													004,2	
			19^{23}–22^{17}	1	15,30	5,50	45,1	34,6	– 31,5	– 14,6	0,0	053,1	007,0	2,94
				2			44,6	34,9	– 31,4	– 13,1	0,0	049,4	004,9	
				3			45,3	36,3	– 33,9	– 14,0	– 0,9	045,8	997,0	2,71
				4			45,4	32,9	– 30,0	– 14,1	+ 0,7	049,8	006,4	
													003,8	
			21^{17}–22^{17}	1	15,25	5,50	37,6	34,6	– 24,2	– 14,5	+ 0,2	045,0	006,5	0,98
				2			37,9	34,9	– 24,7	– 13,0	– 0,2	042,4	004,5	
				3			39,2	36,3	– 27,5	– 13,9	– 1,5	038,9	996,0	0,85
				4			36,7	32,9	– 21,7	– 13,9	+ 1,5	040,6	006,5	
													003,4	
													0,5081/2...	
	5./6.XI. 1958	27	22^{37}– 8^{39}	1	15,10	5,65	45,9	17,5	– 14,4	– 14,4	+ 0,9	033,8	005,9	4,42
				2			45,0	19,2	– 15,4	– 12,9	– 0,9	033,8	004,6	
				3			46,0	20,8	– 17,8	– 13,7	– 1,9	029,8	996,4	3,87
				4			45,4	16,3	– 12,9	– 13,8	+ 2,4	027,4	003,1	
													002,5	

Pendelsatz γ_{ik} [10^{-7} s]	Datum	Nr. Mess.	Meßzeit	Nr. Pendel	t [°C]	p [Torr]	a_A [']	a_E [']	ΔT_a	$\Delta T_{t,p}$	ΔT_M	T_B	T	P^o_{ik}
												0,5081/2...		
	6.XI. 1958	28	$13^{13}-15^{12}$	1	15,00	5,90	45,1	38,2	− 35,8	− 14,6	− 0,4	060,3	009,5	1,92
				2			44,2	37,0	− 33,4	− 13,2	+ 0,4	052,0	005,8	
				3			45,0	38,8	− 36,2	− 14,0	− 0,7	050,4	999,5	1,84
				4			45,3	36,5	− 34,0	− 14,0	+ 0,4	056,0	008,4	
													005,8	
			$13^{13}-17^{12}$	1	15,00	5,90	45,1	31,6	− 28,2	− 14,6	− 0,4	052,6	009,4	3,84
				2			44,2	31,1	− 26,9	− 13,2	+ 0,4	045,3	005,6	
				3			45,0	33,6	− 30,2	− 14,0	− 1,3	044,4	998,9	3,39
				4			45,3	29,2	− 26,0	− 14,0	+ 1,1	046,9	008,0	
													005,5	
			$13^{13}-19^{08}$	1	15,00	5,90	45,1	25,9	− 22,2	− 14,6	− 0,1	046,4	009,5	3,76
				2			44,2	26,8	− 22,4	− 13,2	+ 0,1	039,8	004,3	
				3			45,0	28,8	− 25,2	− 14,0	− 1,6	039,3	998,5	3,24
				4			45,3	23,4	− 19,9	− 14,0	+ 1,8	038,6	006,5	
													004,7	
			$15^{12}-17^{12}$	1	15,00	5,90	38,2	31,6	− 21,9	− 14,6	− 0,4	045,0	008,1	1,92
				2			37,0	31,1	− 20,1	− 13,2	+ 0,4	038,7	005,8	
				3			38,8	33,6	− 24,3	− 14,0	− 1,9	038,0	997,8	1,62
				4			36,5	29,2	− 18,1	− 14,0	+ 1,8	037,9	007,6	
													004,8	
			$15^{12}-19^{08}$	1	15,00	5,90	38,2	25,9	− 16,5	− 14,6	0,0	039,4	008,3	3,69
				2			37,0	26,8	− 16,3	− 13,2	− 0,1	033,6	004,0	
				3			38,8	28,8	− 19,6	− 14,0	− 2,4	033,8	997,8	3,03
				4			36,5	23,4	− 13,0	− 14,0	+ 2,6	030,0	005,6	
													003,9	
			$17^{12}-19^{08}$	1	15,00	5,90	31,6	25,9	− 11,2	− 14,6	+ 0,1	033,8	008,1	1,88
				2			31,1	26,8	− 11,6	− 13,2	− 0,4	028,2	003,0	
				3			33,6	28,8	− 15,2	− 14,0	− 3,0	029,6	997,4	1,41
				4			29,2	23,4	− 7,7	− 14,0	+ 3,4	021,9	003,6	
													003,0	

Pendelsatz γ_{ik} [10^{-7} s]	Datum	Nr. Mess.	Meßzeit	Nr. Pendel	t [°C]	p [Torr]	a_A [']	a_E [']	ΔT_a	$\Delta T_{t,P}$	ΔT_M	T_B	T	P^o_{ik}
												0,5081/2...		
	6.XI. 1958	29	19^{23}–21^{17}	1	15,00	6,00	45,2	38,3	– 36,0	– 14,8	0,0	058,4	007,6	1,92
				2			44,3	37,4	– 34,0	– 13,4	0,0	053,4	006,0	
				3			45,3	39,2	– 37,0	– 14,1	– 0,8	049,8	997,9	1,84
				4			45,0	36,5	– 33,7	– 14,1	+ 0,6	056,1	008,9	
													005,1	
			19^{23}–22^{18}	1	15,00	6,00	45,2	35,0	– 32,3	– 14,8	0,0	055,1	008,0	2,88
				2			44,3	34,1	– 30,1	– 13,4	0,0	048,6	005,1	
				3			45,3	36,3	– 33,8	– 14,1	– 1,1	046,4	997,4	2,65
				4			45,0	32,3	– 28,9	– 14,1	+ 1,1	050,6	008,7	
													004,8	
			21^{17}–22^{18}	1	15,00	6,00	38,3	35,0	– 25,2	– 14,8	– 0,4	049,1	008,7	0,96
				2			37,4	34,1	– 23,5	– 13,4	+ 0,4	039,5	003,0	
				3			39,2	36,3	– 27,5	– 14,1	– 1,8	040,2	996,8	0,81
				4			36,5	32,3	– 21,0	– 14,1	+ 1,5	040,6	007,0	
													003,9	
												0,5081/2...		
	6./7.XI. 1958	30	22^{42}– 8^{37}	1	15,00	6,00	45,1	15,6	– 12,0	– 14,8	+ 1,8	034,6	009,6	3,96
				2			44,4	19,7	– 15,4	– 13,4	– 1,3	031,6	001,5	
				3			44,7	20,0	– 16,0	– 14,1	– 2,0	030,0	997,9	3,96
				4			44,5	15,8	– 11,8	– 14,1	+ 2,4	026,0	002,5	
													002,9	

S o f i a

Pendelsatz $[10^{-7}$ s] γ_{ik}	Datum	Nr. Mess.	Meßzeit	Nr. Pendel	t [°C]	p [Torr]	a_A [']	a_E [']	ΔT_a	$\Delta T_{t,P}$	ΔT_M	T_B	T	P^o_{ik}
													0,5072...	
A	18.XI. 1958	1	14^{12}–16^{15}	1	18,20	11,55	45,9	35,4	– 33,4	– 26,4	0,0	690,4	630,6	2,00
				2			45,7	35,5	– 33,4	– 23,4	0,0	694,0	637,2	
γ_{12} = 7,9				3			45,1	35,3	– 32,4	– 17,2	– 0,1	686,2	636,5	1,92
				4			45,0	34,2	– 31,0	– 19,7	+ 0,1	688,7	638,1	
													635,6	
γ_{34} = 7,1			14^{12}–18^{12}	1	18,15	11,65	45,9	28,0	– 25,2	– 26,5	0,0	682,2	630,5	3,92
				2			45,7	28,2	– 25,2	– 23,5	0,0	686,5	637,8	
				3			45,1	28,8	– 25,3	– 17,5	– 0,3	678,8	635,7	3,69
				4			45,0	26,7	– 23,0	– 19,8	+ 0,3	680,4	637,9	
													635,5	
			14^{12}–20^{11}	1	18,10	11,80	45,9	21,9	– 18,8	– 26,7	0,0	676,6	631,1	2,23
				2			45,7	21,8	– 18,5	– 23,7	0,0	680,8	638,6	
				3			45,1	23,2	– 19,4	– 17,7	– 0,4	674,0	636,5	2,01
				4			45,0	20,3	– 16,4	– 20,1	+ 0,5	674,1	638,1	
													636,1	
			16^{15}–18^{12}	1	18,10	11,75	35,4	28,0	– 16,1	– 26,5	0,0	673,7	631,1	2,00
				2			35,5	28,2	– 16,3	– 23,5	0,0	678,6	638,8	
				3			35,3	28,8	– 16,7	– 17,6	– 0,4	671,3	636,6	1,80
				4			34,2	26,7	– 14,1	– 19,9	+ 0,4	671,8	638,2	
													636,2	
			16^{15}–20^{11}	1	18,05	11,95	35,4	21,9	– 10,8	– 26,7	0,0	669,4	631,9	2,28
				2			35,5	21,8	– 10,8	– 23,7	0,0	674,0	639,5	
				3			35,3	23,2	– 11,8	– 17,8	– 0,6	667,7	637,5	1,93
				4			34,2	20,3	– 8,7	– 20,2	+ 0,6	666,4	638,1	
													636,8	
			18^{12}–20^{11}	1	18,00	12,10	28,0	21,9	– 5,8	– 26,8	0,0	665,0	632,4	1,12
				2			28,2	21,8	– 5,8	– 23,8	0,0	669,4	639,8.	
				3			28,8	23,2	– 7,3	– 18,0	– 0,7	663,9	637,9	0,92
				4			26,7	20,3	– 4,0	– 20,4	+ 0,8	661,2	637,6	
													636,9	

Pendelsatz γ_{ik} [10^7 s]	Datum	Nr. Mess.	Meßzeit	Nr. Pendel	t [°C]	p [Torr]	a_A [']	a_E [']	ΔT_a	$\Delta T_{t,P}$	ΔT_M	T_B	T	P^o_{ik}
												0,5072...		
	18.XI. 1958	2	20^{19}–22^{21}	1	18,00	12,45	45,1	34,8	– 31,8	– 27,4	0,0	695,4	636,2	0,50
				2			45,3	34,8	– 32,1	– 24,5	0,0	698,8	642,2	
				3										
				4										
													$\overline{639,2}$	
			20^{19}–23^{11}	1	18,00	12,45	45,1	32,8	– 29,5	– 27,4	0,0	692,7	635,8	1,20
				2			45,3	32,7	– 29,6	– 24,5	0,0	696,4	642,3	
				3										
				4										
													$\overline{639,0}$	
			22^{21}–23^{11}	1	18,00	12,50	34,8	32,8	– 19,8	– 27,4	0,0	686,2	639,0	0,40
				2			34,8	32,7	– 19,7	– 24,5	0,0	690,5	646.3	
				3										
				4										
													$\overline{642,6}$	
												0,5072...		
	18./19.XI. 1958	3	23^{43}– 9^{38}	1	17,75	6,20	44,5	15,6	– 11,5	– 17,6	+ 0,4	661,4	632,7	2,74
				2			44,6	14,9	– 11,0	– 14,5	– 0,3	663,8	638,0	
				3			44,7	17,1	– 13,2	– 9,6	– 0,6	660,4	637,0	2,36
				4			44,4	14,1	– 10,0	– 11,8	+ 0,8	658,0	637,0	
													$\overline{636,2}$	

Pendelsatz γ_{ik} [10^{-7} s]	Datum	Nr. Mess.	Meßzeit	Nr. Pendel	t [°C]	p [Torr]	a_A [']	a_E [']	ΔT_a	$\Delta T_{t,P}$	ΔT_M	T_B	T	P^o_{ik}
													0,5072...	
	19.XI. 1958	4	$14^{10}-16^{11}$	1	17,80	8,30	44,0	35,3	- 31,2	- 20,9	+ 0,1	685,1	633,1	1,96
				2			44,5	35,8	- 32,3	- 17,8	- 0,1	690,0	639,8	
				3			44,1	36,0	- 32,2	- 12,6	- 0,1	683,8	638,9	1,92
				4			44,2	34,7	- 30,7	- 15,0	+ 0,1	685,8	640,2	
													638,0	
			$14^{10}-18^{15}$	1	17,80	8,50	44,0	28,2	- 23,8	- 21,2	+ 0,1	677,4	632,5	2,23
				2			44,5	28,5	- 24,5	- 18,1	- 0,1	681,4	638,7	
				3			44,1	29,4	- 25,0	- 12,9	- 0,3	676,0	637,8	2,10
				4			44,2	27,0	- 22,6	- 15,2	+ 0,3	677,0	639,5	
													637,1	
			$14^{10}-20^{11}$	1	17,80	8,60	44,0	22,4	- 17,8	- 21,3	+ 0,2	670,4	631,5	3,92
				2			44,5	22,7	- 18,5	- 18,2	- 0,2	674,6	637,7	
				3			44,1	24,0	- 19,5	- 13,0	- 0,4	669,5	636,6	3,53
				4			44,2	21,0	- 16,5	- 15,4	+ 0,5	669,4	638,0	
													636,0	
			$16^{11}-18^{15}$	1	17,80	8,65	35,3	28,2	- 16,2	- 21,4	+ 0,1	669,6	632,1	1,12
				2			35,8	28,5	- 16,9	- 18,3	- 0,1	672,6	637,3	
				3			36,0	29,4	- 17,8	- 13,1	- 0,4	668,0	636,7	1,01
				4			34,7	27,0	- 14,6	- 15,5	+ 0,4	668,0	638,3	
													636,1	
			$16^{11}-20^{11}$	1	17,80	8,70	35,3	22,4	- 11,1	- 21,5	+ 0,1	662,8	630,3	3,84
				2			35,8	22,7	- 11,8	- 18,3	- 0,1	666,6	636,4	
				3			36,0	24,0	- 13,2	- 13,1	- 0,6	662,2	635,3	3,39
				4			34,7	21,0	- 9,6	- 15,5	+ 0,6	661,0	636,5	
													634,6	
			$18^{15}-20^{11}$	1	17,80	8,80	28,2	22,4	- 6,3	- 21,7	+ 0,1	655,8	627,9	1,12
				2			28,5	22,7	- 6,7	- 18,6	- 0,1	660,2	634,8	
				3			29,4	24,0	- 8,3	- 13,3	- 0,7	656,0	633,7	0,92
				4			27,0	21,0	- 4,6	- 15,7	+ 0,8	653,6	634,1	
													632,6	

Pendelsatz γ_{ik} [10^{-7} s]	Datum	Nr. Mess.	Meßzeit	Nr. Pendel	t [°C]	p [Torr]	a_A [']	a_E [']	ΔT_a	$\Delta T_{t,P}$	ΔT_M	T_B	T	P^o_{ik}
													o,5o72...	
	19.XI. 1958	5	$2o^{19}$–22^{17}	1	17,8o	8,85	45,2	36,3	- 33,6	- 21,7	o,o	688,2	632,9	1,14
				2			45,o	36,3	- 33,5	- 18,6	o,o	691,6	639,5	
				3			45,o	36,7	- 34,o	- 13,3	- o,1	686,3	638,9	1,o9
				4			45,2	35,5	- 32,8	- 15,7	+ o,1	689,o	64o,6	
													638,o	
			$2o^{19}$–23^{19}	1	17,8o	8,9o	45,2	32,1	- 29,o	- 21,8	o,o	682,3	631,5	3,oo
				2			45,o	32,2	- 28,9	- 18,7	o,o	685,8	638,2	
				3			45,o	33,o	- 29,6	- 13,4	- o,2	68o,8	637,6	2,82
				4			45,2	31,3	- 28,1	- 15,8	+ o,1	682,4	638,6	
													636,5	
			22^{17}–23^{19}	1	17,8o	8,95	36,3	32,1	- 2o,5	- 21,9	o,o	671,o	628,6	o,57
				2			36,3	32,2	- 2o,6	- 18,8	o,o	675,2	635,8	
				3			36,7	33,o	- 21,8	- 13,5	- o,3	67o,2	634,6	o,53
				4			35,5	31,3	- 19,1	- 15,9	+ o,3	67o,4	635,7	
													633,7	
													o,5o72...	
	19./2o.XI. 1958	6	23^{37}– 9^{4o}	1	17,65	9,oo	45,1	13,8	- 1o,o	- 21,6	+ o,1	664,o	632,5	4,8o
				2			44,4	13,7	- 9,5	- 18,5	- o,1	666,4	638,3	
				3			44,7	15,1	- 11,3	- 13,5	- o,7	662,8	637,3	4,o5
				4			44,4	12,3	- 8,3	- 15,8	+ o,8	66o,3	637,o	
													636,3	

Pendelsatz γ_{ik} [1o^{-7} s]	Datum	Nr. Mess.	Meßzeit	Nr. Pendel	t [°C]	p [Torr]	a_A [']	a_E [']	ΔT_a	$\Delta T_{t,p}$	ΔT_M	T_B	T	P^o_{ik}
													o,5o72...	
A	25.XI. 1958	18	14^{o7}–15^{55}	1	16,15	7,5o	44,9	36,7	– 33,8	– 16,5	o,o	683,o	632,7	1,96
γ_{12}= 9,2				2			44,6	37,2	– 34,1	– 13,8	o,o	684,o	636,1	
γ_{34}= 9,9				3			44,7	37,3	– 34,4	– 11,3	– o,3	682,6	636,6	1,88
				4			44,1	35,8	– 32,o	– 13,o	+ o,3	681,6	636,9	
													635,6	
			14^{o7}–18^{o5}	1	16,1o	7,95	44,9	28,4	– 24,6	– 17,1	+ o,1	675,9	634,3	2,19
				2			44,6	29,3	– 25,3	– 14,4	– o,1	677,1	637,3	
				3			44,7	29,5	– 25,6	– 12,o	– o,3	675,7	637,8	2,15
				4			44,1	27,6	– 23,2	– 13,6	+ o,4	674,8	638,4	
													637,o	
			14^{o7}–$2o^{17}$	1	16,o5	8,25	44,9	21,6	– 17,6	– 17,5	+ o,3	668,o	633,2	3,76
				2			44,6	22,7	– 18,5	– 14,8	– o,2	67o,3	636,8	
				3			44,7	23,2	– 19,2	– 12,4	– o,6	668,5	636,3	3,53
				4			44,1	2o,8	– 16,3	– 14,1	+ o,6	667,4	637,6	
													636,o	
			15^{55}–18^{o5}	1	16,o5	8,3o	36,7	28,4	– 17,5	– 17,5	+ o,2	669,9	635,1	1,o9
				2			37,2	29,3	– 18,8	– 14,8	– o,2	671,6	637,8	
				3			37,3	29,5	– 19,o	– 12,4	– o,4	67o,o	638,2	1,o5
				4			35,8	27,6	– 16,1	– 14,1	+ o,6	669,2	639,6	
													637,7	
			15^{55}–$2o^{17}$	1	16,oo	8,6o	36,7	21,6	– 11,4	– 17,9	+ o,3	661,8	632,8	3,76
				2			37,2	22,7	– 12,9	– 15,2	– o,3	664,6	636,2	
				3			37,3	23,2	– 13,4	– 12,9	– o,7	662,7	635,7	3,46
				4			35,8	2o,8	– 1o,2	– 14,6	+ o,8	661,6	637,6	
													635,6	
			18^{o5}–$2o^{17}$	1	16,oo	8,85	28,4	21,6	– 5,8	– 18,3	+ o,4	653,8	63o,1	1,o5
				2			29,3	22,7	– 7,3	– 15,6	– o,4	657,6	634,3	
				3			29,5	23,2	– 7,7	– 13,2	– o,7	655,6	634,o	o,99
				4			27,6	2o,8	– 4,8	– 14,9	+ 1,o	653,8	635,1	
													633,4	

Pendelsatz γ_{ik} $[10^{-7}\ s]$	Datum	Nr. Mess.	Meßzeit	Nr. Pendel	t [°C]	p [Torr]	a_A [']	a_E [']	ΔT_a	$\Delta T_{t,P}$	ΔT_M	T_B	T	P^o_{ik}
													o,5o72...	
	25.XI. 1958	19	20^{32}–22^{26}	1	15,95	9,oo	46,2	37,4	– 36,o	– 18,4	o,o	692,4	638,o	o,8o
				2			46,o	37,3	– 35,7	– 15,8	o,o	694,2	642,7	
				3			46,1	37,7	– 36,2	– 13,5	– o,3	692,6	642,6	o,75
				4			45,2	36,o	– 33,3	– 15,1	+ o,3	691,9	643,8	
													641,8	
			20^{32}–23^{14}	1	15,95	9,o5	46,2	33,8	– 31,9	– 18,5	o,o	685,4	635,o	1,18
				2			46,o	34,1	– 32,o	– 15,9	o,o	687,8	639,9	
				3			46,1	34,7	– 32,7	– 13,6	– o,4	686,2	639,5	1,11
				4			45,2	32,4	– 29,2	– 15,3	+ o,4	685,o	64o,9	
													638,8	
			22^{26}–23^{14}	1	15,9o	9,15	37,4	33,8	– 23,2	– 18,6	o,o	668,8	627,o	o,98
				2			37,3	34,1	– 23,5	– 15,9	o,o	672,8	633,4	
				3			37,7	34,7	– 24,4	– 13,7	– o,6	671,2	632,5	o,88
				4			36,o	32,4	– 2o,5	– 15,3	+ o,6	668,8	633,6	
													631,6	
													o,5o72...	
	25./26.XI. 1958	2o	23^{36}– 9^{36}	1	15,7o	1o,2o	45,2	13,o	— 9,4	– 19,7	+ o,1	661,2	632,2	2,74
				2			44,4	13,2	– 9,1	– 17,2	– o,1	662,6	636,2	
				3			44,7	13,8	– 9,8	– 15,2	– 1,o	663,o	637,o	2,36
				4			44,1	11,6	– 7,4	– 16,7	+ 1,1	659,6	636,6	
													635,5	

Pendelsatz γ_{ik} [10^{-7} s]	Datum	Nr. Mess.	Meßzeit	Nr. Pendel	t [°C]	p [Torr]	a_A [']	a_E [']	ΔT_a	$\Delta T_{t,p}$	ΔT_M	T_B	T	P^0_{ik}
												0,5072...		
	26.XI. 1958	21	$14^{10}-16^{09}$	1	16,00	5,00	45,3	37,3	− 35,0	− 12,3	− 0,1	684,1	636,7	1,96
				2			45,0	36,7	− 34,0	− 9,6	+ 0,1	683,2	639,7	
				3			45,1	37,5	− 35,0	− 7,6	− 0,2	682,2	639,4	1,92
				4			45,2	36,2	− 33,6	− 9,3	+ 0,2	684,6	641,9	
													639,4	
			$14^{10}-18^{13}$	1	16,00	5,05	45,3	29,9	− 26,6	− 12,4	0,0	673,2	634,2	3,92
				2			45,0	30,1	− 26,6	− 9,8	0,0	672,7	636,3	
				3			45,1	30,8	− 27,4	− 7,8	− 0,4	672,8	637,2	3,69
				4			45,2	28,7	− 25,2	− 9,4	+ 0,3	673,0	638,7	
													636,6	
			$14^{10}-20^{11}$	1	15,95	5,20	45,3	24,3	− 20,6	− 12,6	0,0	667,8	634,6	3,92
				2			45,0	24,5	− 20,6	− 9,9	0,0	668,2	637,7	
				3			45,1	25,2	− 21,4	− 8,0	− 0,4	668,1	638,3	3,61
				4			45,2	22,9	− 19,2	− 9,6	+ 0,5	667,2	638,9	
													637,4	
			$16^{09}-18^{13}$	1	16,00	5,10	37,3	29,9	− 19,4	− 12,5	0,0	662,8	630,9	1,96
				2			36,7	30,1	− 19,1	− 9,8	0,0	663,3	634,4	
				3			37,5	30,8	− 20,3	− 7,8	− 0,5	663,6	635,0	1,80
				4			36,2	28,7	− 17,3	− 9,4	+ 0,5	661,5	635,3	
													633,9	
			$16^{09}-20^{11}$	1	15,95	5,25	37,3	24,3	− 14,4	− 12,6	0,0	659,8	632,8	3,92
				2			36,7	24,5	− 14,1	− 9,9	0,0	660,8	636,8	
				3			37,5	25,2	− 15,2	− 8,0	− 0,6	661,0	637,2	3,53
				4			36,2	22,9	− 12,2	− 9,6	+ 0,7	658,7	637,6	
													636,1	
			$18^{13}-20^{11}$	1	15,90	5,45	29,9	24,3	− 8,9	− 12,9	+ 0,1	656,6	634,9	1,96
				2			30,1	24,5	− 9,2	− 10,2	− 0,1	658,0	638,5	
				3			30,8	25,2	− 10,1	− 8,3	− 0,8	658,3	639,1	1,69
				4			28,7	22,9	− 7,0	− 9,9	+ 0,8	655,3	639,2	
													637,9	

Pendelsatz γ_{ik} $[10^{-7}\ s]$	Datum	Nr. Mess.	Meßzeit	Nr. Pendel	t $[^{o}C]$	p [Torr]	a_A [']	a_E [']	ΔT_a	$\Delta T_{t,P}$	ΔT_M	T_B	T	P^{o}_{ik}
												0,5072...		
	26.XI. 1958	22	$20^{18}-22^{18}$	1	15,90	6,30	44,7	36,4	- 33,3	- 14,2	0,0	682,2	634,7	2,00
				2			44,3	36,5	- 33,0	- 11,4	0,0	682,1	637,7	
				3			44,6	37,2	- 34,1	- 9,5	- 0,2	682,3	638,5	1,92
				4			44,6	35,8	- 32,5	- 11,1	+ 0,2	683,3	639,9	
													637,7	
			$20^{18}-23^{18}$	1	15,90	6,40	44,7	32,7	- 29,1	- 14,4	0,0	676,6	633,1	2,94
				2			44,3	32,8	- 28,7	- 11,7	0,0	677,1	636,7	
				3			44,6	33,3	- 29,6	- 9,7	- 0,2	677,2	637,7	2,88
				4			44,6	32,1	- 28,3	- 11,3	+ 0,2	677,6	638,2	
													636,4	
			$22^{18}-23^{18}$	1	15,90	6,60	36,4	32,7	- 21,2	- 14,6	0,0	665,2	629,4	1,00
				2			36,5	32,8	- 21,4	- 11,9	0,0	666,8	633,5	
				3			37,2	33,3	- 22,5	- 10,0	- 0,4	666,6	633,7	0,92
				4			35,8	32,1	- 20,0	- 11,5	+ 0,4	665,8	634,7	
													632,8	
												0,5072...		
	26./27.XI. 1958	23	$23^{37}-9^{38}$	1	15,65	7,30	45,5	14,7	- 11,4	- 15,3	+ 0,2	659,7	633,2	5,00
				2			45,5	14,8	- 11,4	- 12,7	- 0,1	661,6	637,4	
				3			45,4	15,5	- 12,1	- 11,0	- 0,7	661,8	638,0	4,23
				4			45,9	13,2	- 10,0	- 12,5	+ 0,8	659,9	638,2	
													636,7	

Pendelsatz γ_{ik} [10^{-7} s]	Datum	Nr. Mess.	Meßzeit	Nr. Pendel	t [°C]	p [Torr]	a_A [']	a_E [']	ΔT_a	$\Delta T_{t,P}$	ΔT_M	T_B	T	P^0_{ik}
													0,5072...	
A	3.XII. 1958	39	14^{23}–15^{59}	1	15,90	7,65	44,7	36,8	− 33,8	− 16,2	0,0	685,8	635,8	1,12
				2			44,5	37,3	− 34,1	− 13,5	0,0	686,4	638,8	
γ_{12} = 9,2				3			44,0	37,2	− 33,4	− 11,5	− 0,1	684,4	639,4	1,09
				4			44,5	36,0	− 32,6	− 13,1	+ 0,1	686,7	641,1	
γ_{34} = 9,9													638,8	
			14^{23}–18^{13}	1	15,80	8,20	44,7	27,8	− 24,0	− 16,9	+ 0,2	676,5	635,8	3,76
				2			44,5	29,2	− 25,2	− 14,3	− 0,2	677,8	638,1	
				3			44,0	29,3	− 24,9	− 12,3	− 0,4	676,8	639,2	3,61
				4			44,5	26,7	− 22,5	− 13,9	+ 0,4	676,6	640,6	
													638,4	
			14^{23}–20^{25}	1	15,75	8,70	44,7	21,0	− 17,0	− 17,5	+ 0,1	668,4	634,0	3,92
				2			44,5	21,1	− 16,9	− 15,0	0,0	670,6	638,7	
				3			44,0	22,1	− 17,4	− 13,0	− 0,2	670,1	639,5	3,76
				4			44,5	21,1	− 16,9	− 14,6	+ 0,2	668,1	636,8	
													637,2	
			15^{59}–18^{13}	1	15,75	8,60	36,8	27,8	− 17,0	− 17,4	+ 0,3	669,9	635,8	1,07
				2			37,3	29,2	− 18,7	− 14,8	− 0,3	671,6	637,8	
				3			37,2	29,3	− 18,7	− 12,9	− 0,6	671,2	639,0	1,01
				4			36,0	26,7	− 15,3	− 14,5	+ 0,6	669,3	640,1	
													638,2	
			15^{59}–20^{25}	1	15,65	9,05	36,8	21,0	− 11,1	− 17,9	+ 0,1	662,2	633,3	2,23
				2			37,3	21,1	− 11,5	− 15,4	− 0,1	665,0	638,0	
				3			37,2	22,1	− 12,3	− 13,6	− 0,4	664,9	638,6	2,10
				4			36,0	21,1	− 10,6	− 15,1	+ 0,4	661,4	636,1	
													636,5	
			18^{13}–20^{25}	1	15,60	9,50	27,8	21,0	− 5,0	− 18,4	+ 0,3	654,2	631,1	1,88
				2			29,2	21,1	− 6,0	− 15,9	− 0,3	658,4	636,2	
				3			29,3	22,1	− 6,8	− 14,2	− 0,7	658,5	636,8	1,73
				4			26,7	21,1	− 4,4	− 15,6	+ 0,7	653,7	634,4	
													634,6	

Pendelsatz γ_{ik} [10^{-7} s]	Datum	Nr. Mess.	Meßzeit	Nr. Pendel	t [°C]	p [Torr]	a_A [']	a_E [']	ΔT_a	$\Delta T_{t,P}$	ΔT_M	T_B	T	P^o_{ik}
												0,5072...		
	3.XII. 1958	40	$20^{32}-23^{13}$	1	15,70	10,55	45,4	32,4	− 29,5	− 20,2	− 0,1	684,0	634,2	2,94
				2			44,7	32,4	− 28,8	− 17,7	+ 0,1	683,3	636,9	
				3			44,7	32,9	− 29,3	− 15,7	− 0,3	684,0	638,7	2,82
				4			44,6	31,2	− 27,4	− 17,1	+ 0,2	684,1	639,8	
													637,4	
												0,5072...		
	3./4.XII. 1958	41	$23^{34}-9^{41}$	1	15,80	12,60	44,9	12,1	− 8,4	− 23,4	+ 0,2	663,4	631,8	4,90
				2			45,0	12,1	− 8,5	− 21,1	− 0,1	666,2	636,5	
				3			45,1	12,5	− 9,0	− 18,7	− 1,0	666,1	637,4	4,14
				4			44,4	10,4	− 6,4	− 20,2	+ 1,1	662,8	637,3	
													635,8	

Pendelsatz γ_{ik} [1o⁻⁷ s]	Datum	Nr. Mess.	Meßzeit	Nr. Pendel	t [°C]	p [Torr]	a_A [']	a_E [']	ΔT_a	$\Delta T_{t,P}$	ΔT_M	T_B	T	P^o_{ik}
													o,5o84...	
B	2o.XI. 1958	7	$14^{14}-16^{13}$	1	18,oo	6,8o	46,o	37,1	- 35,5	- 21,5	- o,1	698,2	641,1	1,o9
				2			45,1	36,7	- 34,1	- 19,7	+ o,1	695,8	642,1	
γ_{12} = 5,o				3			45,7	37,5	- 35,6	- 22,2	- o,2	692,8	634,8	1,o7
				4			45,5	35,6	- 33,2	- 23,o	+ o,2	697,4	641,4	
γ_{34} = 7,4													639,8	
			$14^{14}-18^{15}$	1	18,oo	6,9o	46,o	29,2	- 26,6	- 21,7	o,o	691,o	642,7	3,92
				2			45,1	29,4	- 26,o	- 19,8	o,o	688,o	642,2	
				3			45,7	3o,5	- 27,7	- 22,3	- o,4	685,2	634,8	3,53
				4			45,5	27,3	- 24,1	- 23,1	+ o,4	688,6	641,8	
													64o,4	
			$14^{14}-2o^{12}$	1	18,oo	6,95	46,o	23,4	- 2o,3	- 21,8	o,o	685,4	643,3	3,84
				2			45,1	24,1	- 2o,4	- 19,9	o,o	683,o	642,7	
				3			45,7	25,1	- 22,o	- 22,4	- o,6	68o,o	635,o	3,39
				4			45,5	21,4	- 18,o	- 23,2	+ o,6	681,9	641,3	
													64o,6	
			$16^{13}-18^{15}$	1	18,oo	7,oo	37,1	29,2	- 18,6	- 21,9	o,o	684,1	643,6	1,12
				2			36,7	29,4	- 18,4	- 19,9	o,o	68o,7	642,4	
				3			37,5	3o,5	- 2o,o	- 22,4	- o,6	677,8	634,8	o,96
				4			35,6	27,3	- 15,6	- 23,3	+ o,6	68o,1	641,8	
													64o,6	
			$16^{13}-2o^{12}$	1	18,oo	7,oo	37,1	23,4	- 13,4	- 21,9	o,o	679,1	643,8	2,19
				2			36,7	24,1	- 13,8	- 19,9	o,o	676,8	643,1	
				3			37,5	25,1	- 15,2	- 22,4	- o,7	673,7	635,4	1,85
				4			35,6	21,4	- 1o,5	- 23,3	+ o,8	674,2	641,2	
													64o,9	
			$18^{15}-2o^{12}$	1	18,oo	7,o5	29,2	23,4	- 7,7	- 21,9	+ o,1	674,o	644,5	1,92
				2			29,4	24,1	- 8,3	- 2o,1	- o,1	672,8	644,3	
				3			3o,5	25,1	- 9,8	- 22,5	- 1,o	669,4	636,1	1,51
				4			27,3	21,4	- 5,o	- 23,4	+ 1,o	668,1	64o,7	
													641,4	

Pendelsatz γ_{ik} [1o⁻⁷ s]	Datum	Nr. Mess.	Meßzeit	Nr. Pendel	t [°C]	p [Torr]	a_A [']	a_E [']	ΔT_a	$\Delta T_{t,P}$	ΔT_M	T_B	T	P^{o}_{ik}
												o,5o84...		
	2o.XI. 1958	8	$2o^{19}$–22^{22}	1	18,oo	7,15	46,2	37,5	– 36,1	– 22,1	o,o	7o5,4	647,2	1,12
				2			46,7	37,9	– 37,2	– 2o,2	o,o	7o5,o	647,6	
				3			46,4	38,5	– 37,5	– 22,6	– o,2	698,4	638,1	1,o5
				4			47,o	36,4	– 35,7	– 23,5	+ o,1	7o8,2	649,1	
													645,5	
			$2o^{19}$–23^{2o}	1	18,oo	7,2o	46,2	33,7	– 31,7	– 22,2	o,o	698,2	644,3	1,68
				2			46,7	34,o	– 32,6	– 2o,3	o,o	697,8	644,9	
				3			46,4	34,4	– 32,8	– 22,8	– o,3	691,2	635,3	1,54
				4			47,o	32,o	– 3o,5	– 23,6	+ o,1	699,8	645,8	
													642,6	
			22^{22}–23^{2o}	1	18,oo	7,25	37,5	33,7	– 23,3	– 22,2	o,o	683,1	637,6	o,98
				2			37,9	34,o	– 24,o	– 2o,3	o,o	682,8	638,5	
				3			38,5	34,4	– 24,8	– 22,8	– o,6	676,9	628,7	o,85
				4			36,4	32,o	– 2o,4	– 23,7	+ o,4	682,1	638,4	
													635,8	
												o,5o84...		
	2o./21.XI. 1958	9	23^{35}– 9^{39}	1	17,8o	7,95	44,9	13,3	– 9,4	– 23,o	+ o,2	675,8	643,6	1,84
				2			45,3	14,5	– 11,1	– 21,1	– o,2	675,8	643,4	
				3			44,9	15,9	– 12,1	– 23,6	– 1,o	671,1	634,4	1,44
				4			45,2	11,3	– 7,8	– 24,3	+ 1,3	672,o	641,2	
													64o,6	

Pendelsatz γ_{ik} [10^{-7} s]	Datum	Nr. Mess.	Meßzeit	Nr. Pendel	t [°C]	p [Torr]	a_A [']	a_E [']	ΔT_a	$\Delta T_{t,P}$	ΔT_M	T_B	T	P^o_{ik}
													0,5084...	
	21.XI. 1958	10	14^{23}–18^{27}	1	18,00	9,00	43,7	26,2	– 21,3	– 25,0	+ 0,1	690,8	644,6	3,84
				2			43,7	27,2	– 22,4	– 23,1	– 0,1	688,1	642,5	
				3			44,4	28,6	– 24,5	– 25,6	– 0,6	683,8	633,1	3,39
				4			43,7	24,6	– 19,7	– 26,5	+ 0,6	689,5	643,9	
													641,0	
			14^{23}–20^{11}	1	18,05	9,00	43,7	20,9	– 16,1	– 25,1	+ 0,2	685,1	644,1	3,76
				2			43,7	22,4	– 17,5	– 23,2	– 0,2	682,5	641,6	
				3			44,4	23,7	– 19,4	– 25,8	– 0,8	678,6	632,6	3,10
				4			43,7	19,0	– 14,3	– 26,7	+ 0,9	682,5	642,4	
													640,2	
			18^{27}–20^{11}	1	18,10	9,05	26,2	20,9	– 4,0	– 25,2	+ 0,3	671,6	642,7	1,80
				2			27,2	22,4	– 5,6	– 23,3	– 0,2	669,3	640,2	
				3			28,6	23,7	– 7,5	– 26,0	– 1,3	666,0	631,2	1,34
				4			24,6	19,0	– 1,9	– 26,9	+ 1,4	666,0	638,6	
													638,2	

Pendelsatz γ_{ik} [1o^{-7} s]	Datum	Nr. Mess.	Meßzeit	Nr. Pendel	t [°C]	p [Torr]	a_A [']	a_E [']	ΔT_a	$\Delta T_{t,P}$	ΔT_M	T_B	T	P^o_{ik}
													o,5o84...	
	21.XI. 1958	11	2o^{19}–22^{17}	1	18,1o	9,1o	44,4	35,o	– 31,4	– 25,3	o,o	7o3,o	646,3	1,14
				2			44,3	35,3	– 31,6	– 23,3	o,o	7o1,4	646,5	
				3			45,1	36,3	– 33,6	– 26,o	– o,2	696,o	636,2	1,o7
				4			45,3	34,5	– 31,7	– 26,9	+ o,1	7o5,6	647,1	
													644,o	
			2o^{19}–23^{18}	1	18,o5	9,1o	44,4	3o.7	– 26,6	– 25,3	o,o	698,o	646,1	3,oo
				2			44,3	31,1	– 27,o	– 23,3	o,o	695,8	645,5	
				3			45,1	32,4	– 29,2	– 25,9	– o,4	69o,8	635,3	2,71
				4			45,3	29,7	– 26,4	– 26,8	+ o,2	699,2	646,2	
													643,3	
			22^{17}–23^{18}	1	18,oo	9,15	35,o	3o,7	– 18,1	– 25,3	o,o	688,2	644,8	o,56
				2			35,3	31,1	– 18,7	– 23,3	o,o	684,9	642,9	
				3			36,3	32,4	– 2o,8	– 25,8	– o,6	681,2	634,o	o,48
				4			34,5	29,7	– 16,8	– 26,7	+ o,4	687,3	644,2	
													641,5	
													o,5o84...	
	21./22.XI. 1958	12	23^{34}– 9^{38}	1	17,7o	9,65	46,1	12,1	– 9,2	– 25,4	+ o,3	677,8	643,5	2,52
				2			45,5	13,7	– 1o,3	– 23,5	– o,3	676,4	642,3	
				3			46,o	14,8	– 11,8	– 26,o	– 1,o	673,1	634,3	2,o6
				4			45,7	1o,5	– 7,3	– 26,7	+ 1,4	673,2	64o,6	
													64o,2	

Pendelsatz γ_{ik} [1o-7 s]	Datum	Nr. Mess.	Meßzeit	Nr. Pemdel	t [°C]	p [Torr]	a_A [']	a_E [']	ΔT_a	$\Delta T_{t,P}$	ΔT_M	T_B	T	P^o_{ik}
												o,5o84...		
B	27.XI. 1958	24	$14^{14}-16^{12}$	1	16,oo	6,55	45,8	36,o	- 34,o	- 17,4	o,o	696,3	644,9	
				2			45,5	36,5	- 34,3	- 15,9	o,o	696,6	646,4	1,96
γ_{12}= 9,3				3			45,5	36,5	- 34,3	- 17,2	- o,2	69o,8	639,1	
				4			45,9	35,1	- 33,o	- 17,6	+ o,1	698,4	647,9	1,88
													644,6	
γ_{34}= 11,2			$14^{14}-18^{12}$	1	15,95	6,75	45,8	28,8	- 26,o	- 17,7	o,o	687,4	643,7	
				2			45,5	29,3	- 26,2	- 16,1	- o,1	687,9	645,5	3,92
				3			45,5	29,6	- 26,5	- 17,5	- o,5	682,6	638,1	
				4			45,9	27,1	- 24,2	- 17,8	+ o,4	687,6	646,o	3,61
													643,3	
			$14^{14}-20^{11}$	1	15,9o	6,85	45,8	22,6	- 19,4	- 17,8	+ o,1	68o,9	643,8	
				2			45,5	23,1	- 19,7	- 16,2	- o,1	681,8	645,8	3,92
				3			45,5	24,o	- 2o,5	- 17,5	- o,7	676,9	638,2	
				4			45,9	2o,7	- 17,6	- 17,8	+ o,7	679,7	645,o	3,39
													643,2	
			$16^{12}-18^{12}$	1	15,9o	6,95	36,o	28,8	- 17,3	- 17,9	+ o,1	678,7	643,6	
				2			36,5	29,3	- 18,2	- 16,3	- o,2	679,4	644,7	1,92
				3			36,5	29,6	- 18,4	- 17,6	- o,8	674,4	637,6	
				4			35,1	27,1	- 15,o	- 17,9	+ o,6	676,8	644,5	1,73
													642,6	
			$16^{12}-20^{11}$	1	15,85	7,oo	36,o	22,6	- 11,8	- 18,o	+ o,2	673,5	643,9	
				2			36,5	23,1	- 12,7	- 16,3	- o,2	674,6	645,4	3,84
				3			36,5	24,o	- 13,5	- 17,6	- 1,1	669,6	637,4	
				4			35,1	2o,7	- 9,6	- 18,o	+ 1,o	67o,4	643,8	3,24
													642,6	
			$18^{12}-20^{11}$	1	15,8o	7,oo	28,8	22,6	- 6,9	- 17,9	+ o,2	668,2	643,6	
				2			29,3	23,1	- 7,5	- 16,3	- o,2	669,8	645,8	1,92
				3			29,6	24,o	- 8,4	- 17,5	- 1,3	665,2	638,o	
				4			27,1	2o,7	- 4,4	- 17,8	+ 1,3	664,3	643,4	1,55
													642,7	

Pendelsatz γ_{ik} [10^{-7} s]	Datum	Nr. Mess.	Meßzeit	Nr. Pendel	t [°C]	p [Torr]	a_A [']	a_E [']	ΔT_a	$\Delta T_{t,P}$	ΔT_M	T_B	T	P^o_{ik}
													0,5084...	
	27.XI. 1958	25	$20^{22}-22^{21}$	1	15,80	7,10	44,3	35,0	- 31,3	- 18,0	+ 0,1	696,4	647,2	1,96
				2			44,6	35,6	- 32,2	- 16,4	- 0,1	697,2	648,5	
				3			44,5	35,6	- 32,2	- 17,6	- 0,2	691,4	641,4	1,92
				4			44,6	34,2	- 30,5	- 17,9	+ 0,1	697,0	648,7	
													646,4	
			$20^{22}-23^{18}$	1	15,80	7,15	44,3	31,3	- 27,2	- 18,1	+ 0,2	690,0	644,9	2,88
				2			44,6	32,1	- 28,4	- 16,6	- 0,2	690,7	645,5	
				3			44,5	32,2	- 28,3	- 17,7	- 0,4	684,9	638,5	2,76
				4			44,6	30,2	- 26,2	- 18,0	+ 0,2	690,0	646,0	
													643,7	
			$22^{21}-23^{18}$	1	15,80	7,20	35,0	31,3	- 18,6	- 18,3	+ 0,2	676,7	640,0	0,96
				2			35,6	32,1	- 19,9	- 16,7	- 0,2	677,2	640,4	
				3			35,6	32,2	- 20,0	- 17,8	- 0,7	671,2	632,7	0,88
				4			34,2	30,2	- 17,0	- 18,1	+ 0,4	675,6	640,9	
													638,5	
													0,5084...	
	27./28.XI. 1958	26	$23^{36}-9^{42}$	1	15,55	7,90	44,9	12,7	- 9,0	- 18,8	+ 0,4	670,4	643,0	2,63
				2			45,1	13,6	- 9,9	- 17,2	- 0,3	670,4	643,0	
				3			45,0	14,9	- 11,3	- 18,4	- 1,4	665,7	634,6	2,11
				4			45,1	10,7	- 7,2	- 18,6	+ 2,0	665,5	641,7	
													640,6	

Pendelsatz γ_{ik} [10^{-7} s]	Datum	Nr. Mess.	Meßzeit	Nr. Pendel	t [°C]	p [Torr]	a_A [']	a_E [']	ΔT_a	$\Delta T_{t,P}$	ΔT_M	T_B	T	P^0_{ik}
													0,5084...	
	28.XI. 1958	27	$14^{13}-16^{13}$	1	15,65	9,00	44,0	34,0	− 29,7	− 20,8	0,0	694,4	643,9	2,00
				2			44,2	34,2	− 30,1	− 19,1	0,0	694,8	645,6	
				3			44,2	34,8	− 30,9	− 20,4	− 0,4	690,2	638,5	1,84
				4			44,1	32,8	− 28,5	− 20,6	+ 0,2	695,2	646,3	
													643,6	
			$14^{13}-18^{13}$	1	15,65	9,00	44,0	26,4	− 21,8	− 20,8	+ 0,1	688,2	645,7	3,92
				2			44,2	26,9	− 22,5	− 19,1	− 0,1	687,0	645,3	
				3			44,2	27,5	− 23,1	− 20,4	− 0,7	683,5	639,3	3,53
				4			44,1	24,7	− 20,1	− 20,6	+ 0,6	687,0	646,9	
													644,3	
			$14^{13}-20^{12}$	1	15,65	9,00	44,0	20,2	− 15,6	− 20,8	+ 0,2	680,6	644,4	3,84
				2			44,2	20,9	− 16,4	− 19,1	− 0,2	679,6	643,9	
				3			44,2	21,8	− 17,3	− 20,4	− 0,9	676,2	637,6	3,31
				4			44,1	18,3	− 14,0	− 20,6	+ 0,9	678,5	644,8	
													642,7	
			$16^{13}-18^{13}$	1	15,65	9,00	34,0	26,4	− 13,6	− 20,8	+ 0,1	682,0	647,7	1,96
				2			34,2	26,9	− 14,2	− 19,1	− 0,1	679,6	646,2	
				3			34,8	27,5	− 15,1	− 20,4	− 1,0	676,8	640,3	1,66
				4			32,8	24,7	− 11,2	− 20,6	+ 0,9	679,2	648,3	
													645,6	
			$16^{13}-20^{12}$	1	15,70	9,00	34,0	20,2	− 8,6	− 20,9	+ 0,2	673,6	644,3	3,84
				2			34,2	20,9	− 9,2	− 19,2	− 0,2	672,2	643,6	
				3			34,8	21,8	− 10,3	− 20,5	− 1,3	669,2	637,1	3,10
				4			32,8	18,3	− 6,3	− 20,7	+ 1,3	670,2	644,5	
													642,4	
			$18^{13}-20^{12}$	1	15,70	9,00	26,4	20,2	− 3,7	− 20,9	+ 0,3	665,2	640,9	1,88
				2			26,9	20,9	− 4,4	− 19,2	− 0,3	664,6	640,7	
				3			27,5	21,8	− 5,4	− 20,5	− 1,6	661,4	633,9	1,48
				4			24,7	18,3	− 1,5	− 20,7	+ 1,6	660,8	640,2	
													638,9	

Pendelsatz γ_{ik} [10^{-7} s]	Datum	Nr. Mess.	Meßzeit	Nr. Pendel	t [°C]	p [Torr]	a_A [']	a_E [']	ΔT_a	$\Delta T_{t,P}$	ΔT_M	T_B	T	P^o_{ik}
													0,5084...	
	28.XI. 1958	28	20^{18}–22^{18}	1	15,60	9,20	44,9	34,8	– 31,6	– 21,0	+ 0,1	698,9	646,4	1,96
				2			44,9	35,4	– 32,3	– 19,4	– 0,1	698,4	646,6	
				3			45,3	35,8	– 33,2	– 20,6	– 0,3	692,5	638,4	1,88
				4			45,0	33,9	– 30,6	– 20,8	+ 0,3	700,0	648,9	
													645,1	
			20^{18}–23^{18}	1	15,60	9,25	44,9	30,4	– 26,8	– 21,1	+ 0,2	693,1	645,4	2,88
				2			44,9	31,8	– 28,2	– 19,4	– 0,2	692,6	644,8	
				3			45,3	31,9	– 28,8	– 20,6	– 0,6	686,9	636,9	2,71
				4			45,0	29,3	– 25,6	– 20,8	+ 0,4	692,6	646,6	
													643,4	
			22^{18}–23^{18}	1	15,60	9,40	34,8	30,4	– 17,7	– 21,3	+ 0,3	681,7	643,0	0,94
				2			35,4	31,8	– 19,4	– 19,6	– 0,3	681,3	642,0	
				3			35,8	31,9	– 19,9	– 20,9	– 0,9	675,7	634,0	0,85
				4			33,9	29,3	– 16,0	– 21,1	+ 0,7	678,8	642,4	
													640,4	
													0,5084...	
	28./29.XI. 1958	29	23^{37}– 9^{38}	1	15,30	9,75	44,2	11,3	– 7,2	– 21,3	+ 0,5	672,8	644,8	4,51
				2			44,3	12,4	– 8,4	– 19,6	– 0,5	672,6	644,1	
				3			44,1	13,4	– 9,2	– 20,7	– 1,4	666,6	635,3	3,70
				4			44,0	9,7	– 5,5	– 20,9	+ 1,9	667,4	642,9	
													641,8	

Potsdam IIa

Pendelsatz γ_{ik} [10^{-7} s]	Datum	Nr. Mess.	Meßzeit	Nr. Pendel	t [°C]	p [Torr]	a_A [']	a_E [']	ΔT_a	$\Delta T_{t,P}$	ΔT_M	T_B	T	P^o_{ik}
												0,5070...		
A	11.XII. 1958	1	$13^{11}-15^{11}$	1	16,80	6,05	45,5	36,7	- 34,5	- 15,5	+ 0,2	055,8	006,0	1,96
γ_{12} = 22,7				2			45,8	37,1	- 35,2	- 12,7	- 0,2	051,0	002,9	
γ_{34} = 24,6				3			46,4	38,3	- 37,2	- 9,3	- 0,7	054,4	007,2	1,88
				4			45,8	36,3	- 34,3	- 11,2	+ 0,7	050,4	005,6	
													005,4	
			$13^{11}-17^{11}$	1	16,80	6,15	45,5	29,2	- 26,1	- 15,6	+ 0,5	047,3	006,1	3,84
				2			45,8	30,3	- 27,6	- 12,8	- 0,5	043,6	002,7	
				3			46,4	30,8	- 28,7	- 9,4	- 1,0	047,1	008,0	
				4			45,8	28,9	- 26,0	- 11,3	+ 1,0	041,5	005,2	3,69
													005,5	
			$13^{11}-19^{11}$	1	16,75	6,30	45,5	21,8	- 18,4	- 15,8	+ 1,3	040,6	007,7	3,53
				2			45,8	24,5	- 21,2	- 12,9	- 1,3	038,4	003,0	
				3			46,4	25,0	- 22,5	- 9,6	- 1,3	•41,2	007,8	3,69
				4			45,8	23,4	- 20,1	- 11,6	+ 1,4	035,5	005,2	
													005,9	
			$15^{11}-17^{11}$	1	16,75	6,25	36,7	29,2	- 18,2	- 15,7	+ 0,5	038,8	005,4	1,92
				2			37,1	30,3	- 19,5	- 12,9	- 0,5	036,2	003,3	
				3			38,3	30,8	- 21,1	- 9,6	- 1,5	039,8	007,6	1,77
				4			36,3	28,9	- 17,6	- 11,6	+ 1,5	032,5	004,8	
													005,3	
			$15^{11}-19^{11}$	1	16,70	6,40	36,7	21,8	- 11,6	- 15,8	+ 1,4	032,9	006,9	3,53
				2			37,1	24,5	- 14,4	- 13,0	- 1,4	032,1	003,3	
				3			38,3	25,0	- 15,8	- 9,7	- 1,5	034,6	007,6	3,53
				4			36,3	23,4	- 12,8	- 11,6	+ 1,5	028,0	005,1	
													005,7	
			$17^{11}-19^{11}$	1	16,70	6,55	29,2	21,8	- 6,5	- 16,0	+ 1,8	027,0	006,3	1,69
				2			30,3	24,5	- 9,3	- 13,2	- 1,8	028,0	003,7	
				3			30,8	25,0	- 10,0	- 10,0	- 1,7	029,6	007,9	1,73
				4			28,9	23,4	- 7,5	- 11,8	+ 1,5	023,6	005,8	
													005,9	

Pendelsatz γ_{ik} $[10^{-7}\ s]$	Datum	Nr. Mess.	Meßzeit	Nr. Pendel	t [°C]	p [Torr]	a_A [']	a_E [']	ΔT_a	$\Delta T_{t,p}$	ΔT_M	T_B	T	P^o_{ik}
												0,5070...		
	11.XII. 1958	2	19^{19}–21^{16}	1	16,70	7,25	45,9	36,8	− 35,0	− 17,1	0,0	059,6	007,5	1,92
				2			45,2	37,4	− 35,0	− 14,3	0,0	053,0	003,7	
				3			46,4	38,4	− 37,3	− 11,0	− 1,2	059,3	009,8	1,80
				4			45,2	35,5	− 32,8	− 12,9	+ 1,2	051,3	006,8	
													007,0	
			19^{19}–22^{16}	1	16,70	7,30	45,9	32,9	− 30,4	− 17,3	+ 0,2	054,4	006,9	2,88
				2			45,2	33,9	− 30,9	− 14,5	− 0,2	049,0	003,4	
				3			46,4	34,7	− 33,1	− 11,1	− 1,2	054,6	009,2	2,71
				4			45,2	32,2	− 29,0	− 13,0	+ 1,2	047,0	006,2	
													006,4	
			21^{16}–22^{16}	1	16,70	7,35	36,8	32,9	− 21,9	− 17,3	+ 0,5	044,2	005,5	0,96
				2			37,4	33,9	− 23,4	− 14,5	− 0,5	042,2	003,8	
				3			38,4	34,7	− 25,0	− 11,1	− 1,7	045,3	007,5	0,86
				4			35,5	32,2	− 19,8	− 13,0	+ 2,0	038,6	007,8	
													006,2	
												0,5070...		
	11./12.XII. 1958	3	22^{26}– 8^{36}	1	16,75	7,70	44,3	13,2	− 9,1	− 17,9	+ 2,3	030,8	006,1	4,23
				2			44,7	15,5	− 11,6	− 15,0	− 2,1	032,2	003,5	
				3			45,1	14,4	− 10,8	− 11,6	− 1,2	032,3	008,7	4,80
				4			44,0	14,5	− 10,0	− 13,6	+ 1,3	027,8	005,5	
													006,0	

Pendelsatz γ_{ik} [10-7 s]	Datum	Nr. Mess.	Meßzeit	Nr. Pendel	t [°C]	p [Torr]	a_A [']	a_E [']	ΔT_a	$\Delta T_{t,P}$	ΔT_M	T_B	T	P^o_{ik}
												0,5070...		
	12.XII. 1958	4	$13^{11}-15^{11}$	1	16,80	8,30	44,5	35,1	- 31,5	- 18,9	+ 0,4	057,4	007,4	1,92
				2			45,0	35,8	- 33,0	- 16,1	- 0,4	054,6	005,1	
				3			45,9	37,2	- 35,4	- 12,5	- 1,2	058,8	009,7	1,80
				4			44,4	34,9	- 31,2	- 14,5	+ 1,2	053,1	008,6	
													007,7	
			$13^{11}-17^{11}$	1	16,80	8,30	44,5	27,1	- 23,0	- 18,9	+ 0,7	048,7	007,5	3,76
				2			45,0	28,5	- 24,9	- 16,1	- 0,7	045,7	004,0	
				3			45,9	28,9	- 26,2	- 12,5	- 1,2	050,4	010,5	3,61
				4			44,4	27,2	- 23,0	- 14,5	+ 1,0	043,6	007,1	
													007,3	
			$13^{11}-19^{11}$	1	16,75	8,50	44,5	21,0	- 16,8	- 19,1	+ 1,2	042,0	007,3	3,61
				2			45,0	23,2	- 19,4	- 16,3	- 1,0	039,6	002,9	
				3			45,9	22,9	- 19,9	- 12,8	- 1,4	043,5	009,4	3,69
				4			44,4	21,9	- 17,6	- 14,7	+ 1,5	037,1	006,3	
													006,5	
			$15^{11}-17^{11}$	1	16,75	8,35	35,1	27,1	- 15,0	- 19,0	+ 0,9	040,4	007,3	1,84
				2			35,8	28,5	- 16,8	- 16,2	- 0,9	037,2	003,3	
				3			37,2	28,9	- 18,4	- 12,6	- 1,5	042,0	009,5	1,77
				4			34,9	27,2	- 15,0	- 14,6	+ 1,5	034,0	005,9	
													006,5	
			$15^{11}-19^{11}$	1	16,70	8,35	35,1	21,0	- 9,8	- 18,9	+ 1,4	034,2	006,9	3,53
				2			35,8	23,2	- 12,2	- 16,1	- 1,4	032,0	002,3	
				3			37,2	22,9	- 13,1	- 12,6	- 1,4	035,8	008,7	3,53
				4			34,9	21,9	- 10,4	- 14,5	+ 1,2	029,1	005,4	
													005,8	
			$17^{11}-19^{11}$	1	16,70	8,35	27,1	21,0	- 4,6	- 18,9	+ 1,8	028,4	006,7	1,73
				2			28,5	23,2	- 7,1	- 16,1	- 1,6	026,8	002,0	
				3			28,9	22,9	- 7,2	- 12,6	- 1,4	029,6	008,4	1,77
				4			27,2	21,9	- 5,3	- 14,5	+ 1,2	024,2	005,6	
													005,7	

Pendelsatz γ_{ik} [10^{-7} s]	Datum	Nr. Mess.	Meßzeit	Nr. Pendel	t [°C]	p [Torr]	a_A [']	a_E [']	ΔT_a	$\Delta T_{t,P}$	ΔT_M	T_B	T	P^o_{ik}
												0,5070...		
	12.XII. 1958	5	$20^{12}-22^{16}$	1	16,75	5,20	45,4	36,3	− 34,0	− 14,0	+ 0,1	055,2	007,3	1,96
				2			45,2	36,8	− 34,2	− 11,2	− 0,1	051,4	005,9	
				3			46,0	38,0	− 36,5	− 8,0	− 1,2	055,2	009,5	1,80
				4			45,0	35,0	− 32,0	− 9,9	+ 1,2	047,2	006,5	
													007,3	
												0,5070...		
	12./13.XII. 1958	6	$22^{36}-8^{36}$	1	16,65	6,25	45,4	13,8	− 10,2	− 15,5	+ 1,6	032,6	008,5	4,42
				2			45,4	15,8	− 12,3	− 12,7	− 1,4	032,1	005,7	
				3			46,1	14,9	− 12,0	− 9,6	− 1,4	031,9	008,9	4,80
				4			45,0	14,9	− 11,3	− 11,5	+ 1,3	027,9	006,4	
													007,4	

Pendelsatz γ_{ik} [10^{-7} s]	Datum	Nr. Mess.	Meßzeit	Nr. Pendel	t [°C]	p [Torr]	a_A [']	a_E [']	ΔT_a	$\Delta T_{t,P}$	ΔT_M	T_B	T	P^o_{ik}
												0,5070...		
A	18.XII. 1958	19	$13^{11}-15^{11}$	1	16,95	6,05	45,5	37,3	− 35,2	− 15,8	− 0,5	054,8	003,3	1,92
γ_{12} = 24,1				2			44,7	36,8	− 33,8	− 12,9	+ 0,5	049,1	002,9	
γ_{34} = 18,5				3			45,5	38,1	− 36,1	− 9,3	− 0,7	053,2	007,1	1,84
				4			44,9	35,6	− 32,5	− 11,3	+ 0,7	048,2	005,1	
													004,6	
			$13^{11}-17^{11}$	1	16,90	6,35	45,5	29,3	− 26,2	− 16,2	+ 0,2	046,9	004,7	3,69
				2			44,7	30,7	− 27,0	− 13,3	− 0,5	042,5	001,7	
				3			45,5	30,6	− 27,6	− 9,7	− 0,7	046,4	008,4	3,69
				4			44,9	28,5	− 24,8	− 11,7	+ 0,7	040,2	004,4	
													004,8	
			$13^{11}-19^{11}$	1	16,90	6,60	45,5	23,5	− 20,0	− 16,5	+ 0,7	040,6	004,8	3,61
				2			44,7	25,4	− 21,3	− 13,6	− 0,7	038,4	002,8	
				3			45,5	24,9	− 21,5	− 10,1	− 0,9	041,2	008,7	3,69
				4			44,9	23,5	− 19,6	− 12,0	+ 0,9	034,8	004,1	
													005,1	
			$15^{11}-17^{11}$	1	16,90	6,65	37,3	29,3	− 18,8	− 16,6	+ 0,5	038,9	004,0	1,88
				2			36,8	30,7	− 19,6	− 13,6	− 0,5	036,0	002,3	
				3			38,1	30,6	− 20,7	− 10,1	− 1,3	039,8	007,7	1,73
				4			35,6	28,5	− 16,6	− 12,0	+ 1,3	032,2	004,9	
													004,7	
			$15^{11}-19^{11}$	1	16,90	6,90	37,3	23,5	− 13,6	− 17,1	+ 0,7	033,6	003,6	3,69
				2			36,8	25,4	− 15,0	− 14,1	− 0,7	033,0	003,2	
				3			38,1	24,9	− 15,4	− 10,5	− 1,1	035,2	008,2	3,53
				4			35,6	23,5	− 12,3	− 12,5	+ 1,1	028,2	004,5	
													004,9	
			$17^{11}-19^{11}$	1	16,85	7,10	29,3	23,5	− 7,9	− 17,2	+ 1,4	028,2	004,5	1,77
				2			30,7	25,4	− 10,1	− 14,4	− 1,4	030,0	004,1	
				3			30,6	24,9	− 9,7	− 10,8	− 1,1	030,6	009,0	1,77
				4			28,5	23,5	− 7,3	− 12,7	+ 1,1	024,2	005,3	
													005,7	

Pendelsatz γ_{ik} $[10^{-7}$ s$]$	Datum	Nr. Mess.	Meßzeit	Nr. Pendel	t $[^\circ C]$	p [Torr]	a_A [']	a_E [']	ΔT_a	$\Delta T_{t,P}$	ΔT_M	T_B	T	P^o_{ik}
													0,5070...	
	18.XII. 1958	20	19^{19}–21^{19}	1	16,75	7,50	45,3	36,2	− 33,7	− 17,6	0,0	057,0	005,7	1,96
				2			45,1	36,7	− 34,0	− 14,8	− 0,1	052,8	003,9	
				3			44,9	37,0	− 34,2	− 11,4	− 0,6	054,6	008,4	1,88
				4			45,0	35,1	− 32,0	− 13,3	+ 0,4	052,3	007,4	
													006,4	
			19^{19}–22^{16}	1	16,75	7,55	45,3	32,3	− 29,3	− 17,7	+ 0,2	053,4	006,6	2,88
				2			45,1	33,3	− 30,0	− 14,9	− 0,2	049,6	004,5	
				3			44,9	33,7	− 30,3	− 11,5	− 0,7	052,2	009,7	2,76
				4			45,0	31,2	− 27,8	− 13,4	+ 0,7	047,4	006,9	
													006,9	
			. 21^{19}–22^{16}	1	16,70	7,65	36,2	32,3	− 20,6	− 17,7	+ 0,5	045,6	007,8	0,96
				2			36,7	33,3	− 22,1	− 14,9	− 0,5	043,0	005,5	
				3			37,0	33,7	− 22,8	− 11,6	− 1,1	047,0	011,5	0,88
				4			35,1	31,2	− 18,6	− 13,5	+ 1,1	037,2	006,2	
													007,8	
													0,5070...	
	18./19.XII. 1958	21	22^{36}– 8^{36}	1	16,80	8,45	45,3	13,3	− 9,7	− 19,2	+ 1,7	032,1	004,9	4,42
				2			45,3	15,0	− 11,6	− 16,4	− 1,7	033,0	003,3	
				3			45,8	14,1	− 11,0	− 12,8	− 0,7	035,0	010,5	4,90
				4			45,7	14,2	− 11,0	− 14,7	+ 0,8	029,6	004,7	
													005,8	

Pendelsatz γ_{ik} $[10^{-7}$ s$]$	Datum	Nr. Mess.	Meßzeit	Nr. Pendel	t [°C]	p [Torr]	a_A [']	a_E [']	ΔT_a	$\Delta T_{t,p}$	ΔT_M	T_B	T	P^0_{ik}
													0,5070...	
	19.XII. 1958	22	$13^{12}-15^{12}$	1	17,05	10,05	45,8	35,3	- 33,2	- 22,0	+ 0,2	059,8	004,8	1,92
				2			45,3	36,2	- 33,7	- 19,1	- 0,2	056,3	003,3	
				3			45,5	36,5	- 34,3	- 15,0	- 0,6	058,8	008,9	1,88
				4			45,5	34,8	- 32,3	- 17,0	+ 0,4	055,4	006,5	
													005,9	
			$13^{12}-17^{12}$	1	17,05	10,10	45,8	26,9	- 24,0	- 22,1	+ 0,5	050,4	004,8	3,69
				2			45,3	28,6	- 25,3	- 19,3	- 0,5	048,4	003,3	
				3			45,5	28,7	- 25,6	- 15,1	- 0,7	051,6	010,2	3,69
				4			45,5	26,6	- 23,4	- 17,2	+ 0,7	045,6	005,7	
													006,0	
			$13^{12}-19^{11}$	1	17,00	10,20	45,8	20,7	- 17,5	- 22,1	+ 0,9	043,6	004,9	3,69
				2			45,3	22,4	- 18,8	- 19,3	- 0,7	042,6	003,8	
				3			45,5	22,6	- 19,2	- 15,2	- 1,1	045,6	010,1	3,61
				4			45,5	20,6	- 17,2	- 17,3	+ 1,0	038,4	004,9	
													005,9	
			$15^{12}-17^{12}$	1	17,05	10,15	35,3	26,9	- 15,0	- 22,2	+ 1,0	041,0	004,8	1,84
				2			36,2	28,6	- 17,2	- 19,4	- 1,0	040,8	003,2	
				3			36,5	28,7	- 17,6	- 15,2	- 1,1	044,3	010,4	1,77
				4			34,8	26,6	- 14,4	- 17,3	+ 1,1	035,6	005,0	
													005,8	
			$15^{12}-19^{11}$	1	17,00	10,25	35,3	20,7	- 9,7	- 22,2	+ 1,2	035,4	004,7	3,61
				2			36,2	22,4	- 11,8	- 19,4	- 1,2	035,7	003,3	
				3			36,5	22,6	- 12,2	- 15,3	- 1,3	039,0	010,2	3,46
				4			34,8	20,6	- 9,4	- 17,4	+ 1,3	029,8	004,3	
													005,6	
			$17^{12}-19^{11}$	1	16,95	10,35	26,9	20,7	- 4,4	- 22,2	+ 1,7	029,8	004,9	1,73
				2			28,6	22,4	- 6,6	- 19,4	- 1,7	030,6	002,9	
				3			28,7	22,6	- 6,8	- 15,4	- 1,5	033,7	010,0	1,69
				4			26,6	20,6	- 4,1	- 17,5	+ 1,5	024,1	004,0	
													005,4	

Pendelsatz γ_{ik} [10^{-7} s]	Datum	Nr. Mess.	Meßzeit	Nr. Pendel	t [°C]	p [Torr]	a_A [']	a_E [']	ΔT_a	$\Delta T_{t,P}$	ΔT_M	T_B	T	P^o_{ik}
												0,5070...		
	19.XII. 1958	23	19^{23}–21^{16}	1	16,90	10,50	44,9	35,0	– 32,0	– 22,4	0,0	060,1	005,7	1,92
				2			44,1	35,7	– 31,8	– 19,6	0,0	055,5	004,1	
				3			44,6	36,0	– 32,7	– 15,6	– 0,4	059,1	010,4	1,92
				4			44,5	34,5	– 30,8	– 17,6	+ 0,4	054,8	006,8	
													006,8	
			19^{23}–22^{16}	1	16,90	10,55	44,9	30,7	– 27,1	– 22,5	+ 0,2	055,0	005,6	2,82
				2			44,1	31,8	– 27,6	– 19,7	– 0,2	052,0	004,5	
				3			44,6	32,0	– 28,3	– 15,8	– 0,6	054,8	010,1	2,82
				4			44,5	30,2	– 26,2	– 17,7	+ 0,6	050,0	006,7	
													006,7	
			21^{16}–22^{16}	1	16,85	10,65	35,0	30,7	– 18,1	– 22,5	+ 0,7	045,4	005,5	0,94
				2			35,7	31,8	– 19,6	– 19,8	– 0,7	045,4	005,3	
				3			36,0	32,0	– 20,1	– 15,9	– 0,9	046,9	010,0	0,90
				4			34,5	30,2	– 17,3	– 17,9	+ 0,9	040,9	006,6	
													006,8	
												0,5070...		
	19./20.XII. 1958	24	22^{36}– 8^{38}	1	16,85	11,40	45,1	11,3	– 7,7	– 23,6	+ 3,3	034,2	006,2	3,96
				2			44,4	14,2	– 10,0	– 21,0	– 2,8	036,0	002,2	
				3			45,0	12,7	– 9,0	– 16,9	– 1,1	037,0	010,0	4,80
				4			44,9	12,5	– 8,7	– 18,9	+ 1,1	030,8	004,3	
													005,7	

Pendelsatz γ_{ik} [10^{-7} s]	Datum	Nr. Mess.	Meßzeit	Nr. Pendel	t [°C]	p [Torr]	a_A [']	a_E [']	ΔT_a	$\Delta T_{t,P}$	ΔT_M	T_B	T	P^o_{ik}
													0,5081/2...	
B	13.XII. 1958	7	$13^{11}-15^{11}$	1	16,80	5,25	45,3	37,1	- 34,8	- 16,7	+ 0,1	058,0	006,6	1,96
				2			45,8	37,2	- 35,3	- 15,1	- 0,2	058,0	007,4	
γ_{12} = 20,1				3			46,1	38,6	- 37,3	- 16,9	- 1,0	055,0	999,8	1,80
				4			45,9	35,6	- 33,6	- 17,4	+ 0,9	059,4	009,3	
γ_{34} = 21,3													005,8	
			$13^{11}-17^{11}$	1	16,80	5,30	45,3	30,1	- 26,9	- 16,9	+ 0,2	049,8	006,2	3,92
				2			45,8	30,5	- 27,8	- 15,2	- 0,2	049,2	006,0	
				3			46,1	32,2	- 29,9	- 17,0	- 1,5	047,3	998,9	3,46
				4			45,9	27,8	- 25,0	- 17,5	+ 1,7	048,1	007,3	
													004,6	
			$13^{11}-19^{11}$	1	16,75	5,30	45,3	24,2	- 20,6	- 16,8	+ 0,4	043,8	006,8	3,84
				2			45,8	24,7	- 21,4	- 15,2	- 0,4	043,0	006,0	
				3			46,1	26,7	- 24,0	- 16,9	- 1,7	041,6	999,0	3,31
				4			45,9	22,0	- 19,0	- 17,4	+ 2,1	039,9	005,6	
													004,4	
			$15^{11}-17^{11}$	1	16,75	5,30	37,1	30,1	- 19,4	- 16,8	+ 0,2	041,6	005,6	1,96
				2			37,2	20,5	- 19,7	- 15,2	- 0,2	040,4	005,3	
				3			38,6	32,2	- 22,8	- 16,9	- 2,3	039,6	997,6	1,58
				4			35,6	27,8	- 16,1	- 17,4	+ 2,3	036,8	005,6	
													003,5	
			$15^{11}-19^{11}$	1	16,70	5,30	37,1	24,2	- 14,1	- 16,7	+ 0,2	036,8	006,2	3,92
				2			37,2	24,7	- 14,6	- 15,1	- 0,2	035,6	005,7	
				3			38,6	26,7	- 17,5	- 16,8	- 2,8	034,9	997,8	3,03
				4			35,6	22,0	- 11,0	- 17,2	+ 3,0	030,2	005,0	
													003,7	
			$17^{11}-19^{11}$	1	16,70	5,30	30,1	24,2	- 9,0	- 16,7	+ 0,4	031,9	006,6	1,92
				2			30,5	24,7	- 9,5	- 15,1	- 0,4	030,8	005,8	
				3			32,2	26,7	- 12,4	- 16,8	- 3,4	030,2	997,6	1,41
				4			27,8	22,0	- 5,7	- 17,2	+ 3,8	023,4	004,3	
													003,6	

Pendelsatz γ_{ik} [10^{-7} s]	Datum	Nr. Mess.	Meßzeit	Nr. Pendel	t [°C]	p [Torr]	a_A [']	a_E [']	ΔT_a	$\Delta T_{t,p}$	ΔT_M	T_B	T	P^o_{ik}
													o,5o81/2...	
	13.XII. 1958	8	19^{19}–21^{16}	1	16,7o	5,4o	45,1	36,8	– 34,2	– 16,8	o,o	o58,4	oo7,4	2,oo
				2			45,3	36,8	– 34,4	– 15,2	o,o	o57,8	oo8,2	
				3			46,1	38,5	– 37,2	– 16,9	– o,9	o54,2	999,2	1,84
				4			46,1	36,o	– 34,4	– 17,4	+ o,6	o6o,o	oo8,8	
													oo5,9	
			19^{19}–22^{16}	1	16,7o	5,5o	45,1	33,2	– 3o,o	– 17,o	o,o	o54,o	oo7,o	3,oo
				2			45,3	33,1	– 3o,o	– 15,4	o,o	o53,4	oo8,o	
				3			46,1	35,1	– 33,3	– 17,1	– 1,1	o5o,5	999,o	2,71
				4			46,1	31,8	– 29,4	– 17,5	+ o,9	o54,2	oo8,2	
													oo5,6	
			21^{16}–22^{16}	1	16,7o	5,65	36,8	33,2	– 22,1	– 17,3	o,o	o45,4	oo6,o	1,oo
				2			36,8	33,1	– 22,o	– 15,6	o,o	o44,8	oo7,2	
				3			38,5	35,1	– 25,4	– 17,4	– 1,9	o43,2	998,5	o,83
				4			36,o	31,8	– 19,9	– 17,8	+ 1,7	o42,8	oo6,8	
													oo4,6	
													o,5o81/2...	
	13./14.XII. 1958	9	22^{25}–8^{25}	1	16,7o	6,oo	45,2	14,7	– 11,2	– 17,8	+ o,7	o35,1	oo6,8	4,51
				2			44,7	16,2	– 12,3	– 16,2	– o,7	o34,2	oo5,o	
				3			45,8	17,6	– 14,4	– 17,9	– 2,5	o32,o	997,2	3,78
				4			45,8	13,2	– 1o,o	– 18,3	+ 3,1	o29,8	oo4,6	
													oo3,4	

Pendelsatz γ_{ik} [10^{-7} s]	Datum	Nr. Mess.	Meßzeit	Nr. Pendel	t [°C]	p [Torr]	a_A [']	a_E [']	ΔT_a	$\Delta T_{t,P}$	ΔT_M	T_B	T	P^o_{ik}
													0,5081/2...	
	15.XII. 1958	10	$13^{13}-15^{13}$	1	16,70	7,50	45,0	35,6	− 32,6	− 20,3	− 0,1	060,5	007,5	2,00
				2			44,6	35,7	− 32,4	− 18,6	+ 0,1	056,4	005,5	
				3			45,4	37,0	− 34,7	− 20,4	− 1,1	053,6	997,4	1,80
				4			44,9	33,9	− 30,4	− 20,8	+ 1,1	056,5	006,4	
													004,2	
			$13^{13}-17^{13}$	1	16,70	7,50	45,0	27,9	− 24,3	− 20,3	+ 0,2	051,4	007,0	3,84
				2			44,6	28,7	− 24,8	− 18,6	− 0,2	048,3	004,7	
				3			45,4	29,9	− 26,7	− 20,4	− 1,5	046,3	997,7	3,46
				4			44,9	26,3	− 22,4	− 20,8	+ 1,5	045,4	003,7	
													003,3	
			$13^{13}-19^{11}$	1	16,65	7,50	45,0	22,0	− 18,2	− 20,2	+ 0,3	045,0	006,9	3,84
				2			44,6	22,9	− 18,8	− 18,5	− 0,3	042,6	005,0	
				3			45,4	24,3	− 20,7	− 20,3	− 1,6	040,2	997,6	3,39
				4			44,9	20,5	− 16,6	− 20,7	+ 2,0	038,4	003,1	
													003,2	
			$15^{13}-17^{13}$	1	16,65	7,50	35,6	27,9	− 16,2	− 20,2	+ 0,2	042,4	006,2	1,92
				2			35,7	28,7	− 17,0	− 18,5	− 0,4	040,2	004,3	
				3			37,0	29,9	− 19,2	− 20,3	− 2,3	039,0	997,2	1,58
				4			33,9	26,3	− 13,4	− 20,7	+ 2,3	034,3	002,5	
													002,6	
			$15^{13}-19^{11}$	1	16,65	7,50	35,6	22,0	− 11,0	− 20,2	+ 0,4	037,3	006,5	3,84
				2			35,7	22,9	− 11,8	− 18,5	− 0,4	035,6	004,9	
				3			37,0	24,3	− 14,2	− 20,3	− 2,6	033,6	996,5	3,10
				4			33,9	20,5	− 8,7	− 20,7	+ 3,0	029,3	002,9	
													002,7	
			$17^{13}-19^{11}$	1	16,60	7,50	27,9	22,0	− 5,7	− 20,1	+ 0,6	032,0	006,8	1,84
				2			28,7	22,9	− 7,0	− 18,4	− 0,8	031,0	004,8	
				3			29,9	24,3	− 8,9	− 20,1	− 3,0	028,0	996,0	1,48
				4			26,3	20,5	− 3,8	− 20,6	+ 3,4	024,2	003,2	
													002,7	

Pendelsatz γ_{ik} [1o^{-7} s]	Datum	Nr. Mess.	Meßzeit	Nr. Pendel	t [°C]	p [Torr]	a_A [']	a_E [']	ΔT_a	$\Delta T_{t,P}$	ΔT_M	T_B	T	P^o_{ik}
												o,5o81/2...		
	15.XII. 1958	11	19^{22}–21^{19}	1	16,6o	7,5o	45,2	35,9	– 33,2	– 2o,1	– o,2	o6o,6	oo7,1	1,96
				2			44,5	35,9	– 32,5	– 18,4	+ o,2	o57,8	oo7,1	
				3			45,5	37,1	– 35,o	– 2o,1	– o,9	o54,2	998,2	1,84
				4			45,o	34,7	– 31,5	– 2o,6	+ o,8	o58,1	oo6,8	
													oo4,8	
			19^{22}–22^{19}	1	16,6o	7,5o	45,2	31,8	– 28,6	– 2o,1	o,o	o56,o	oo7,3	2,88
				2			44,5	32,3	– 28,4	– 18,4	o,o	o53,2	oo6,4	
				3			45,5	33,3	– 3o,4	– 2o,1	– 1,1	o49,9	998,3	2,71
				4			45,o	3o,4	– 26,8	– 2o,6	+ 1,1	o52,4	oo6,1	
													oo4,5	
			21^{19}–22^{19}	1	16,6o	7,5o	35,9	31,8	– 19,8	– 2o,1	+ o,2	o46,9	oo7,2	o,98
				2			35,9	32,3	– 2o,3	– 18,4	– o,2	o44,2	oo5,3	
				3			37,1	33,3	– 22,4	– 2o,1	– 1,7	o41,4	997,2	o,85
				4			34,7	3o,4	– 17,6	– 2o,6	+ 1,7	o41,5	oo5,o	
													oo3,7	
												o,5o81/2...		
	15./16.XII. 1958	12	22^{38}– 8^{38}	1	16,6o	7,5o	45,8	12,9	– 9,7	– 2o,1	+ 1,1	o36,6	oo7,9	4,42
				2			45,5	14,6	– 11,3	– 18,4	– 1,1	o35,4	oo4,6	
				3			46,2	16,o	– 13,1	– 2o,1	– 3,1	o33,3	997,o	3,7o
				4			45,9	11,9	– 8,8	– 2o,6	+ 3,7	o28,6	oo2,9	
													oo3,1	

P o t s d a m IIb

Pendelsatz γ_{ik} $[10^{-7}$ s]	Datum	Nr. Mess.	Meßzeit	Nr. Pendel	t [°C]	p [Torr]	a_A [']	a_E [']	ΔT_a	$\Delta T_{t,P}$	ΔT_M	T_B	T	P^o_{ik}
													0,5070...	
A	3.I. 1959	25	13^{12}–15^{13}	1	17,00	2,95	43,8	36,5	− 32,4	− 10,8	0,0	053,6	010,4	1,96
				2			43,5	36,8	− 32,4	− 8,2	0,0	048,1	007,5	
γ_{12} = 20,9				3			43,8	37,3	− 33,4	− 4,8	− 0,4	049,6	011,0	1,92
γ_{34} = 19,7				4			43,6	35,7	− 31,3	− 6,6	+ 0,4	047,4	<u>009,9</u>	
													009,7	
			13^{12}–19^{12}	1	16,95	3,35	43,8	23,1	− 18,4	− 11,4	+ 1,0	039,0	010,2	3,61
				2			43,5	25,7	− 20,6	− 8,7	− 1,0	037,6	007,3	
				3			43,8	25,7	− 20,8	− 5,4	− 1,2	038,0	010,6	3,61
				4			43,6	23,4	− 18,4	− 7,3	+ 1,2	033,7	<u>009,2</u>	
													009,3	
			15^{13}–19^{12}	1	16,90	3,55	36,5	23,1	− 12,7	− 11,6	+ 1,3	031,6	008,6	3,53
				2			36,8	25,7	− 15,7	− 8,9	− 1,2	032,4	006,6	
				3			37,3	25,7	− 15,6	− 5,6	− 1,2	032,1	009,7	3,53
				4			35,7	23,4	− 12,3	− 7,4	+ 1,4	026,8	<u>008,5</u>	
													008,4	

Pendelsatz γ_{ik} [10^{-7} s]	Datum	Nr. Mess.	Meßzeit	Nr. Pendel	t [°C]	p [Torr]	a_A [']	a_E [']	ΔT_a	$\Delta T_{t,P}$	ΔT_M	T_B	T	P^o_{ik}
												0,5070...		
	3.I. 1959	26	19^{25}–21^{41}	1	16,90	4,25	44,5	34,2	– 30,4	– 12,8	– 0,6	054,0	010,2	1,88
				2			42,8	33,8	– 28,4	– 10,0	+ 0,4	043,8	005,8	
				3			44,5	35,6	– 32,2	– 6,7	– 0,8	051,1	011,4	1,84
				4			43,7	33,3	– 28,7	– 8,5	+ 0,8	045,8	009,4	
													009,2	
			19^{25}–22^{17}	1	16,90	4,30	44,5	31,8	– 28,0	– 12,8	– 0,4	051,2	010,0	2,88
				2			42,8	32,0	– 26,4	– 10,0	+ 0,2	042,0	005,8	
				3			44,5	33,4	– 29,6	– 6,7	– 0,8	048,6	011,5	2,76
				4			43,7	31,1	– 26,4	– 8,5	+ 0,8	043,4	009,3	
													009,2	
			21^{41}–22^{17}	1	16,95	4,55	34,2	31,8	– 18,4	– 13,3	– 0,2	040,8	008,9	0,96
				2			33,8	32,0	– 18,3	– 10,5	– 0,1	035,6	006,7	
				3			35,6	33,4	– 21,2	– 7,0	– 1,4	039,1	009,5	0,86
				4			33,3	31,1	– 17,1	– 9,0	+ 1,4	034,2	009,5	
													008,6	
												0,5070...		
	3./4.I. 1959	27	22^{37}– 8^{38}	1	17,00	5,65	43,5	12,0	– 7,5	– 15,3	+ 2,0	029,0	008,2	4,32
				2			43,5	13,9	– 9,3	– 12,3	– 1,7	029,6	006,3	
				3			43,7	13,8	– 9,2	– 8,7	– 1,4	030,8	011,5	4,51
				4			44,7	13,0	– 9,1	– 10,7	+ 1,4	025,0	006,6	
													008,2	

Pendelsatz γ_{ik} $[10^{-7}$ s]	Datum	Nr. Mess.	Meßzeit	Nr. Pendel	t [°C]	p [Torr]	a_A [']	a_E [']	ΔT_a	$\Delta T_{t,P}$	ΔT_M	T_B	T	P^o_{ik}
												0,5070...		
	5.I. 1959	28	$13^{12}-15^{18}$	1	17,10	3,75	44,0	35,1	- 31,0	- 12,3	0,0	051,3	008,0	1,92
				2			43,2	35,8	- 31,0	- 9,5	- 0,1	047,1	006,5	
				3			43,6	36,2	- 32,0	- 5,9	- 0,1	047,5	009,5	1,92
				4			44,1	35,4	- 31,4	- 7,8	+ 0,1	047,6	008,5	
													008,1	
			$13^{12}-17^{22}$	1	17,00	3,85	44,0	26,6	- 22,0	- 12,3	+ 0,6	042,7	009,0	3,61
				2			43,2	28,7	- 23,5	- 9,6	- 0,6	040,8	007,1	
				3			43,6	28,5	- 23,6	- 6,1	- 0,4	040,8	010,7	3,84
				4			44,1	27,3	- 22,8	- 8,0	+ 0,4	039,1	008,7	
													008,9	
			$13^{12}-19^{12}$	1	17,00	3,90	44,0	21,6	- 17,0	- 12,4	+ 1,0	036,8	008,4	3,53
				2			43,2	24,1	- 18,9	- 9,6	- 0,9	036,6	007,2	
				3			43,6	23,8	- 18,9	- 6,1	- 0,5	035,8	010,3	3,76
				4			44,1	22,5	- 18,0	- 8,0	+ 0,6	033,6	008,2	
													008,5	
			$15^{18}-17^{22}$	1	16,95	3,90	35,1	26,6	- 14,6	- 12,3	+ 0,9	034,0	008,0	1,80
				2			35,8	28,7	- 17,0	- 9,5	- 1,0	034,4	006,9	
				3			36,2	28,5	- 17,2	- 6,1	- 0,6	034,2	010,3	1,88
				4			35,4	27,3	- 15,4	- 8,0	+ 0,6	030,5	007,7	
													008,2	
			$15^{18}-19^{12}$	1	16,95	3,95	35,1	21,6	- 10,3	- 12,4	+ 1,3	029,0	007,6	3,53
				2			35,8	24,1	- 13,1	- 9,6	- 1,3	031,0	007,0	
				3			36,2	23,8	- 13,1	- 6,2	- 0,8	029,6	009,5	3,69
				4			35,4	22,5	- 11,3	- 8,2	+ 0,8	026,1	007,4	
													007,9	
			$17^{22}-19^{12}$	1	16,90	4,00	26,6	21,6	- 4,7	- 12,4	+ 2,1	023,4	008,4	1,66
				2			28,7	24,1	- 7,8	- 9,6	- 1,9	027,0	007,7	
				3			28,5	23,8	- 7,4	- 6,3	- 1,0	024,6	009,9	1,80
				4			27,3	22,5	- 5,7	- 8,2	+ 0,8	021,2	008,1	
													008,5	

Pendelsatz δ_{ik} [10^{-7} s]	Datum	Nr. Mess.	Meßzeit	Nr. Pendel	t [°C]	p [Torr]	a_A [']	a_E [']	ΔT_a	$\Delta T_{t,P}$	ΔT_M	T_B	T	$P^{\bullet}_{ik}$
													o,5o7o...	
	5.I. 1959	29	19^{23}–21^{17}	1	16,95	4,45	45,2	36,4	– 33,8	– 13,2	– o,2	o57,2	o1o,o	1,96
				2			44,3	36,6	– 33,o	– 1o,4	+ o,2	o5o,o	oo6,8	
				3			44,6	36,4	– 33,2	– 6,9	+ o,2	o51,6	o11,7	1,96
				4			45,1	36,8	– 34,2	– 8,9	– o,2	o53,8	o1o,5	
													oo9,8	
			19^{23}–22^{17}	1	16,95	4,5o	45,2	31,9	– 28,6	– 13,3	+ o,2	o52,o	o1o,3	2,82
				2			44,3	33,1	– 29,2	– 1o,5	– o,2	o46,1	oo6,2	
				3			44,6	32,8	– 29,o	– 7,o	o,o	o46,9	o1o,9	2,94
				4			45,1	32,3	– 29,o	– 9,ɔ	o,o	o48,8	o1o,8	
													oo9,6	
			21^{17}–22^{17}	1	16,9o	4,65	36,4	31,9	– 2o,4	– 13,5	+ o,4	o41,8	oo8,3	o,96
				2			36,6	33,1	– 21,8	– 1o,6	– o,4	o38,9	oo6,1	
				3			36,4	32,8	– 21,3	– 7,3	o,o	o38,o	oo9,4	o,98
				4			36,8	32,3	– 21,2	– 9,2	o,o	o39,3	oo8,9	
													oo8,2	
													o,5o7o...	
	5./6.I. 1959	3o	22^{37}– 8^{37}	1	16,85	5,55	43,8	11,4	– 7,o	– 14,8	+ 3,2	o28,4	oo9,8	3,96
				2			43,7	14,6	– 1o,o	– 12,o	– 2,5	o3o,3	oo5,8	
				3			44,2	12,9	– 8,7	– 8,6	– o,3	o28,5	o1o,9	4,9o
				4			44,o	13,o	– 8,7	– 1o,5	+ o,4	o27,5	oo8,7	
													oo8,8	

Pendelsatz γ_{ik} [10^{-7} s]	Datum	Nr. Mess.	Meßzeit	Nr. Pendel	t [°C]	p [Torr]	a_A [']	a_E [']	ΔT_a	$\Delta T_{t,P}$	ΔT_M	T_B	T	P^0_{ik}
												0,5081/2...		
B	6.I. 1959	31	$15^{12}-19^{09}$	1	17,10	6,15	44,7	27,1	- 23,2	- 18,8	0,0	048,3	006,3	3,84
				2			44,0	27,6	- 23,0	- 17,1	0,0	050,0	009,9	
γ_{12} = 16,8				3			44,1	28,2	- 23,8	- 19,1	- 0,6	042,6	999,1	3,69
γ_{34} = 14,3				4			44,3	25,8	- 21,4	- 19,7	+ 0,6	046,8	006,3	
													005,4	

Pendelsatz γ_{ik} [1o^{-7} s]	Datum	Nr. Mess.	Meßzeit	Nr. Pendel	t [°C]	p [Torr]	a_A [']	a_E [']	ΔT_a	$\Delta T_{t,P}$	ΔT_M	T_B	T	${P^o}_{ik}$
												o,5o81/2...		
	6.I. 1959	32	19^{24}–21^{18}	1	16,95	6,8o	45,o	35,5	− 32,5	− 19,6	− o,3	o6o,7	oo8,3	1,92
				2			44,4	34,5	− 3o,6	− 17,9	+ o,3	o57,4	oo9,2	
				3			44,9	35,5	− 32,4	− 19,8	− o,3	o51,6	999,1	1,92
				4			45,1	34,4	− 31,4	− 2o,4	+ o,1	o59,8	oo8,1	
													oo6,2	
			19^{24}–22^{17}	1	16,95	6,9o	45,o	31,3	− 27,9	− 19,9	− o,3	o56,2	oo8,1	2,88
				2			44,4	3o,6	− 26,5	− 18,1	+ o,3	o52,4	oo8,1	
				3			44,9	31,8	− 28,3	− 2o,o	− o,4	o47,1	998,4	2,76
				4			45,1	29,6	− 26,1	− 2o,6	+ o,4	o53,9	oo7,6	
													oo5,6	
			21^{18}–22^{17}	1	16,9o	7,1o	35,5	31,3	− 19,1	− 2o,o	− o,4	o47,3	oo7,8	o,96
				2			34,5	3o,6	− 17,6	− 18,2	+ o,4	o42,6	oo7,2	
				3			35,5	31,8	− 19,5	− 2o,1	− o,7	o38,4	998,1	o,9o
				4			34,4	29,6	− 16,6	− 2o,7	+ o,7	o42,4	oo5,8	
													oo4,7	
												o,5o81/2...		
	6./7.I. 1959	33	22^{36}– 8^{4o}	1	16,85	7,8o	45,o	11,3	− 7,6	− 21,1	+ o,1	o36,2	oo7,6	4,9o
				2			44,7	11,4	− 7,6	− 19,3	− o,1	o35,o	oo8,o	
				3			44,9	13,1	− 9,3	− 21,2	− 1,4	o29,3	997,4	3,96
				4			44,5	1o,3	− 6,4	− 21,7	+ 1,8	o3o,o	oo3,7	
													oo4,2	

Pendelsatz γ_{ik} [1o^{-7} s]	Datum	Nr. Mess.	Meßzeit	Nr. Pendel	t [°C]	p [Torr]	a_A [']	a_E [']	ΔT_a	$\Delta T_{t,p}$	ΔT_M	T_B	T	P^o_{ik}
													o,5o81/2...	
	7.I. 1959	34	13^{21}-15^{24}	1	17,o5	9,6o	44,9	33,8	- 3o,4	- 24,2	o,o	o63,8	oo9,2	2,oo
				2			44,9	33,9	- 3o,5	- 22,4	o,o	o61,8	oo8,9	
				3			43,7	34,5	- 3o,o	- 24,4	- o,1	o59,2	oo4,7	1,84
				4			45,1	32,9	- 29,6	- 25,o	+ o,1	o63,7	oo9,2	
													oo8,o	
			13^{21}-17^{12}	1	17,o5	9,65	44,9	26,2	- 22,4	- 24,3	o,o	o54,2	oo7,5	4,oo
				2			44,9	26,3	- 22,5	- 22,5	o,o	o52,8	oo7,8	
				3			43,7	27,3	- 22,5	- 24,5	- o,5	o49,6	oo2,1	3,53
				4			45,1	24,7	- 2o,8	- 25,1	+ o,5	o53,5	oo8,1	
													oo6,4	
			13^{21}-19^{09}	1	17,oo	9,7o	44,9	19,5	- 15,5	- 24,2	+ o,2	o47,7	oo8,2	3,92
				2			44,9	19,8	- 16,o	- 22,4	- o,2	o46,3	oo7,7	
				3			43,7	21,4	- 16,5	- 24,5	- 1,o	o43,9	oo1,9	3,24
				4			45,1	17,6	- 14,o	- 25,o	+ 1,2	o45,o	oo7,2	
													oo6,2	
			15^{24}-17^{12}	1	17,oo	9,7o	33,8	26,2	- 13,3	- 24,2	o,o	o43,4	oo5,9	2,oo
				2			33,9	26,3	- 13,4	- 22,4	o,o	o42,8	oo7,o	
				3			34,5	27,3	- 14,7	- 24,5	- 1,1	o38,8	998,5	1,69
				4			32,9	24,7	- 11,2	- 25,o	+ 1,o	o42,o	oo6,8	
													oo4,6	
			15^{24}-19^{09}	1	16,95	9,75	33,8	19,5	- 8,o	- 24,3	+ o,2	o38,8	oo6,7	3,92
				2			33,9	19,8	- 8,3	- 22,4	- o,2	o38,o	oo7,1	
				3			34,5	21,4	- 9,7	- 24,4	- 1,7	o35,6	999,8	3,1o
				4			32,9	17,6	- 5,8	- 25,1	+ 1,9	o34,8	oo5,8	
													oo4,8	
			17^{12}-19^{09}	1	16,9o	9,8o	26,2	19,5	- 3,2	- 24,2	+ o,2	o34,7	oo7,5	1,96
				2			26,3	19,8	- 3,4	- 22,4	- o,2	o33,4	oo7,4	
				3			27,3	21,4	- 5,o	- 24,3	- 2,o	o32,4	oo1,1	1,48
				4			24,7	17,6	- 1,1	- 24,9	+ 2,3	o28,2	oo4,5	
													oo5,1	

Pendelsatz γ_{ik} [1o-7 s]	Datum	Nr. Mess.	Meßzeit	Nr. Pendel	t [°C]	p [Torr]	a_A [']	a_E [']	ΔT_a	$\Delta T_{t,p}$	ΔT_M	T_B	T	P°_{ik}
												o,5o82...		
	7.I. 1959	35	$19^{24}-21^{24}$	1	16,8o	1o,35	46,4	35,o	- 33,5	- 24,9	- o,2	o67,2	oo8,6	1,96
				2			46,2	34,5	- 32,6	- 23,o	+ o,2	o65,4	o1o,o	
				3			46,1	35,3	- 33,5	- 24,9	- o,3	o6o,2	oo1,5	1,92
				4			46,2	33,7	- 31,7	- 25,5	+ o,3	o66,5	oo9,6	
													oo7,4	
			$19^{24}-22^{16}$	1	16,8o	1o,4o	46,4	31,o	- 29,o	- 25,o	- o,2	o62,6	oo8,4	2,94
				2			46,2	3o,7	- 28,3	- 23,1	+ o,1	o6o,2	oo8,9	
				3			46,1	31,6	- 29,3	- 25,o	- o,6	o55,8	ooo,9	2,76
				4			46,2	29,4	- 27,o	- 25,6	+ o,5	o61,2	oo9,1	
													oo6,8	
			$21^{24}-22^{16}$	1	16,8o	1o,6o	35,o	31,o	- 18,4	- 25,3	- o,2	o52,o	oo8,1	o,98
				2			34,5	3o,7	- 17,7	- 23,4	+ o,2	o49,8	oo8,9	
				3			35,3	31,6	- 19,2	- 25,3	- o,9	o45,7	ooo,3	o,88
				4			33,7	29,4	- 15,9	- 25,9	+ o,9	o49,o	oo8,1	
													oo6,4	
												o,5o81/2...		
	7./8.I. 1959	36	$22^{36}-8^{37}$	1	16,8o	11,15	45,o	9,7	- 6,1	- 26,1	+ o,9	o39,4	oo8,1	4,51
				2			44,o	1o,6	- 6,4	- 24,2	- o,7	o4o,7	oo9,4	
				3			44,3	12,o	- 8,o	- 26,1	- 1,8	o34,4	998,5	3,7o
				4			43,8	8,8	- 4,6	- 26,8	+ 2,5	o34,6	oo5,7	
													oo5,4	

TABELLE II

Mittlere reduzierte Schwingungszeiten der deutschen Messungen

P e n d e l s a t z   A

Station T	Nr.	Nr. Mess.Auf.	T_1	v_1	Δ_{21}	T_2	v_2	P_{12}	P_{34}	T_3	v_3	Δ_{43}	T_4	v_4	T_{12}	v_{12}	Δ_{43-21}	T_{34}	v_{34}
Pots-	1	1	oo4,84	-o,o9	- 1,18	oo3,66	-o,63	8,36	8,o5	oo7,32	-o,78	- 1,21	oo6,11	-o,36	oo4,27	-o,34	+ 2,46	oo6,73	-o,56
dam I	2	1	oo5,oo	+o,o7	- 1,18	oo3,82	-o,47	3,93	3,72	oo7,63	-o,47	- o,37	oo7,26	+o,79	oo4,4o	-o,21	+ 3,o5	oo7,45	+o,16
o,5o7o...	3	1	oo5,oo	+o,o7	- 2,3o	oo2,7o	-1,59	4,32	4,61	oo7,3o	-o,8o	- 1,1o	oo6,2o	-o,27	oo3,85	-o,76	+ 2,9o	oo6,75	-o,54
	4	1	oo4,42	-o,51	- o,37	oo4,o5	-o,24	4,94	4,92	oo6,75	-1,35	- o,15	oo6,6o	+o,13	oo4,26	-o,35	+ 2,4o	oo6,66	-o,63
	5	1	oo4,58	-o,35	- 2,o5	oo2,53	-1,76	3,92	3,68	oo6,69	-1,41	- o,o6	oo6,63	+o,16	oo3,53	-1,o8	+ 3,14	oo6,67	-o,62
	6	1	oo5,6o	+o,67	- 4,6o	oo1,oo	-3,29	4,14	4,8o	oo6,3o	-1,8o	- 1,1o	oo5,2o	-1,27	oo3,3o	-1,31	+ 2,45	oo5,75	-1,54
	19	2	oo3,93	-1,oo	+ 1,21	oo5,14	+o,85	8,54	8,24	oo8,5o	+o,4o	- 2,16	oo6,34	-o,13	oo4,51	-o,1o	+ 2,94	oo7,45	+o,16
	2o	2	oo5,43	+o,5o	- o,1o	oo5,33	+1,o4	3,88	3,79	oo9,94	+1,84	- 3,39	oo6,55	+o,o8	oo5,37	+o,76	+ 2,91	oo8,28	+o,99
	21	2	oo4,2o	-o,73	+ 1,2o	oo5,4o	+1,11	4,61	4,8o	oo9,9o	+1,8o	- 4,4o	oo5,5o	-o,97	oo4,8o	+o,19	+ 2,9o	oo7,7o	+o,41
	22	2	oo5,71	+o,78	- o,4o	oo5,31	+1,o2	8,44	8,o2	oo8,63	+o,53	- 1,76	oo6,87	+o,4o	oo5,52	+o,91	+ 2,21	oo7,73	+o,44
	23	2	oo7,o4	+2,11	- 1,64	oo5,4o	+1,11	3,88	3,53	oo8,74	+o,64	- o,61	oo8,13	+1,66	oo6,24	+1,63	+ 2,23	oo8,47	+1,18
	24	2	oo4,1o	-o,83	+ 1,6o	oo5,7o	+1,41	4,51	4,7o	oo9,5o	+1,4o	- 2,5o	oo7,oo	+o,53	oo4,9o	+o,29	+ 3,35	oo8,25	+o,96
			oo4,93	±o,24	- o,64	oo4,29	±o,4o	63,47	62,86	oo8,1o	±o,35	- 1,63	oo6,47	±o,2o	oo4,61	±o,23	+ 2,68	oo7,29	±o,22

P e n d e l s a t z A

Station T	Nr. Mess.	Nr. Auf.	T_1	v_1	Δ_{21}	T_2	v_2	P_{12}	P_{34}	T_3	v_3	Δ_{43}	T_4	v_4	T_{12}	v_{12}	Δ_{43-21}	T_{34}	v_{34}
Sofia	1	1	631,09	-1,73	+ 7,35	638,44	+0,90	6,78	6,14	636,54	-0,87	+ 1,48	638,02	+0,01	634,78	-0,40	+ 2,50	637,28	-0,43
	2	1	636,50	+3,68	+ 6,54	643,04	+5,50	1,40	-	-	-	-	-	-	639,73	+4,55	-	-	-
0,5072...	3	1	632,70	-0,12	+ 5,30	638,00	+0,46	2,74	2,36	637,00	-0,41	0,00	637,00	-1,01	635,35	+0,17	+ 1,65	637,00	-0,71
	4	1	631,32	-1,50	+ 6,21	637,53	-0,01	7,10	6,44	636,60	-0,81	+ 1,32	637,92	-0,09	634,44	-0,74	+ 2,82	637,26	-0,45
	5	1	631,49	-1,33	+ 6,73	638,22	+0,68	3,14	2,96	637,56	+0,15	+ 1,18	638,74	+0,73	634,82	-0,36	+ 3,35	638,17	+0,46
	6	1	632,50	-0,32	+ 5,80	638,30	+0,76	4,80	4,05	637,30	-0,11	- 0,30	637,00	-1,01	635,40	+0,22	+ 1,75	637,15	-0,56
	18	2	633,11	+0,29	+ 3,40	636,51	-1,03	6,90	6,53	636,41	-1,00	+ 1,19	637,60	-0,41	634,80	-0,38	+ 2,22	637,02	-0,69
	19	2	633,16	+0,34	+ 5,34	638,50	+0,96	1,97	1,83	638,10	+0,69	+ 1,25	639,35	+1,34	635,83	+0,65	+ 2,88	638,71	+1,00
	20	2	632,20	-0,62	+ 4,00	636,20	-1,34	2,74	2,36	637,00	-0,41	- 0,40	636,60	-1,41	634,20	-0,98	+ 2,60	636,80	-0,91
	21	3	633,97	+1,15	+ 3,16	637,13	-0,41	8,82	8,12	637,66	+0,25	+ 0,90	638,56	+0,55	635,54	+0,36	+ 2,58	638,12	+0,41
	22	3	633,02	+0,20	+ 3,48	636,50	-1,04	3,96	3,81	637,33	-0,08	+ 0,88	638,21	+0,20	634,75	-0,43	+ 3,04	637,79	+0,08
	23	3	633,20	+0,38	+ 4,20	637,40	-0,14	5,00	4,23	638,00	+0,59	+ 0,20	638,20	+0,19	635,30	+0,12	+ 2,80	638,10	+0,39
	39	4	634,26	+1,44	+ 3,77	638,03	+0,49	6,99	6,65	638,88	+1,47	- 0,87	638,01	0,00	636,16	+0,98	+ 2,31	638,47	+0,76
	40	4	634,20	+1,38	+ 2,70	636,90	-0,64	2,94	2,82	638,70	+1,29	+ 1,10	639,80	+1,79	635,55	+0,37	+ 3,70	639,25	+1,54
	41	4	631,80	-1,02	+ 4,70	636,50	-1,04	4,90	4,14	637,40	-0,01	- 0,10	637,30	-0,71	634,15	-1,03	+ 3,20	637,35	-0,36
			632,82	±0,32	+ 4,72	637,54	±0,29	70,18	62,44	637,41	±0,22	+ 0,60	638,01	±0,20	635,18	±0,23	+ 2,53	637,71	±0,18
ΔT_m			- 1,95	±0,15		- 1,70	±0,15			- 1,40	±0,15		- 1,28	±0,15	- 1,82	±0,11		- 1,34	±0,11
			630,87	±0,35	+ 4,97	635,84	±0,32			636,01	±0,26	+ 0,97	636,73	±0,25	633,36	±0,26	+ 2,89	636,37	±0,21

Pendelsatz A

Station T	Nr.	Nr. Mess.Auf.	T_1	v_1	Δ_{21}	T_2	v_2	P_{12}	P_{34}	T_3	v_3	Δ_{43}	T_4	v_4	T_{12}	v_{12}	Δ_{43-21}	T_{34}	v_{34}
Pots-	1	1	007,13	-0,11	- 3,45	003,68	-1,03	8,24	8,14	008,31	-1,58	- 2,48	005,83	-0,93	005,42	-0,56	+ 1,66	007,08	-1,24
dam IIa	2	1	007,46	+0,22	- 3,30	004,16	-0,55	3,84	3,58	009,72	-0,17	- 2,47	007,25	+0,49	005,82	-0,16	+ 2,66	008,48	+0,16
0,5070...	3	1	006,69	-0,55	- 2,60	004,09	-0,62	4,23	4,80	009,29	-0,60	- 3,20	006,09	-0,67	005,39	-0,59	+ 2,30	007,69	-0,63
	4	1	007,80	+0,56	- 3,98	003,82	-0,89	8,20	8,08	010,02	+0,13	- 3,01	007,01	+0,25	005,82	-0,16	+ 2,68	008,50	+0,18
	5	1	007,89	+0,65	- 1,40	006,49	+1,78	1,96	1,80	010,09	+0,20	- 3,00	007,09	+0,33	007,19	+1,21	+ 1,40	008,59	+0,27
	6	1	009,09	+1,85	- 2,80	006,29	+1,58	4,42	4,80	009,49	-0,40	- 2,50	006,99	+0,23	007,69	+1,71	+ 0,55	008,24	-0,08
	19	2	004,21	-3,03	- 1,47	002,74	-1,97	8,28	8,12	008,27	-1,62	- 3,69	004,58	-2,18	003,48	-2,50	+ 2,96	006,44	-1,88
	20	2	006,49	-0,75	- 2,03	004,46	-0,25	3,87	3,68	009,54	-0,35	- 2,58	006,96	+0,20	005,50	-0,48	+ 2,74	008,24	-0,08
	21	2	004,90	-2,34	- 1,60	003,30	-1,41	4,42	4,90	010,50	+0,61	- 5,80	004,70	-2,06	004,10	-1,88	+ 3,50	007,60	-0,72
	22	2	004,81	-2,43	- 1,45	003,36	-1,35	8,24	8,05	010,03	+0,14	- 4,97	005,06	-1,70	004,08	-1,90	+ 3,46	007,54	-0,78
	23	2	005,62	-1,62	- 1,12	004,50	-0,21	3,79	3,76	010,19	+0,30	- 3,47	006,72	-0,04	005,03	-0,95	+ 3,42	008,45	+0,13
	24	2	006,20	-1,04	- 4,00	002,20	-2,51	3,96	4,80	010,00	+0,11	- 5,70	004,30	-2,46	004,20	-1,78	+ 2,95	007,15	-1,17
IIb	25	3	009,62	+2,38	- 2,55	007,07	+2,36	6,07	6,04	010,33	+0,44	- 1,25	009,08	+2,32	008,38	+2,40	+ 1,31	009,69	+1,37
	26	3	009,88	+2,64	- 3,93	005,95	+1,24	3,81	3,64	011,15	+1,26	- 1,78	009,37	+2,61	007,92	+1,94	+ 2,34	010,26	+1,94
	27	3	008,20	+0,96	- 1,90	006,30	+1,59	4,32	4,51	011,50	+1,61	- 4,90	006,60	-0,16	007,25	+1,27	+ 1,80	009,05	+0,73
	28	3	008,27	+1,03	- 1,20	007,07	+2,36	8,02	8,44	010,08	+0,19	- 1,97	008,11	+1,35	007,64	+1,66	+ 1,43	009,07	+0,75
	29	3	009,86	+2,62	- 3,47	006,39	+1,63	3,83	3,92	010,92	+1,03	- 0,54	010,38	+3,62	008,10	+2,12	+ 2,53	010,63	+2,31
	30	3	009,80	+2,56	- 4,00	005,80	+1,09	3,96	4,90	010,90	+1,01	- 2,20	008,70	+1,94	007,80	+1,82	+ 2,00	009,80	+1,48
			007,24	±0,44	- 2,53	004,71	±0,38	93,46	95,96	009,89	±0,22	- 3,13	006,76	±0,40	005,98	±0,39	+ 2,34	008,32	±0,27

P e n d e l s a t z B

Station T	Nr. Mess.	Nr. Auf.	T_1	v_1	Δ_{21}	T_2	v_2	p_{12}	p_{34}	T_3	v_3	Δ_{43}	T_4	v_4	T_{12}	v_{12}	Δ_{43-21}	T_{34}	v_{34}
Pots-	7	1	oo7,27	-o,21	- 3,72	oo3,55	-o,64	8,82	7,14	995,62	-o,77	+11,3o	oo6,92	+o,82	oo5,4o	-o,44	- 4,14	oo1,26	+o,o2
dam I	8	1	oo6,37	-1,11	- 2,99	oo3,38	-o,81	3,91	3,45	994,33	-2,o6	+12,61	oo6,94	+o,84	oo4,86	-o,98	- 4,24	ooo,62	-o,62
o,5o81/2.	9	1	oo7,5o	+o,o2	- 3,6o	oo3,9o	-o,29	4,42	3,7o	996,5o	+o,11	+ 7,2o	oo3,7o	-2,4o	oo5,7o	-o,14	- 5,6o	ooo,1o	-1,14
	1o	1	oo7,99	+o,51	- 3,95	oo4,o4	-o,15	8,58	7,o4	995,27	-1,12	+12,22	oo7,49	+1,39	oo6,o1	+o,17	- 4,64	oo1,37	+o,13
	11	1	oo6,77	-o,71	- 2,17	oo4,6o	+o,41	3,83	3,39	996,18	-o,21	+11,38	oo7,56	+1,46	oo5,69	-o,15	- 3,84	oo1,85	+o,61
	12	1	oo6,7o	-o,78	- 3,3o	oo3,4o	-o,79	4,42	3,53	993,8o	-2,59	+ 9,6o	oo3,4o	-2,7o	oo5,o5	-o,79	- 6,45	998,6o	-2,64
	25	2	oo6,79	-o,69	- 1,22	oo5,57	+1,38	8,62	7,16	996,82	+o,43	+1o,12	oo6,94	+o,84	oo6,18	+o,34	- 4,29	oo1,89	+o,65
	26	2	oo7,12	-o,36	- 2,32	oo4,8o	+o,61	3,92	3,6o	997,o5	+o,66	+ 9,47	oo6,52	+o,42	oo5,98	+o,14	- 4,19	oo1,79	+o,55
	27	2	oo5,9o	-1,58	- 1,3o	oo4,6o	+o,41	4,42	3,87	996,4o	+o,o1	+ 6,7o	oo3,1o	-3,oo	oo5,25	-o,59	- 5,5o	999,75	-1,49
	28	2	oo8,9o	+1,42	- 4,18	oo4,72	+o,53	8,5o	7,26	998,39	+2,oo	+ 8,35	oo6,74	+o,64	oo6,83	+o,99	- 4,27	oo2,56	+1,32
	29	2	oo7,98	+o,5o	- 2,93	oo5,o5	+o,86	3,84	3,53	997,48	+1,o9	+11,o3	oo8,51	+2,41	oo6,53	+o,69	- 3,56	oo2,97	+1,73
	3o	2	oo9,6o	+2,12	- 8,1o	oo1,5o	-2,69	3,96	3,96	997,9o	+1,51	+ 4,6o	oo2,5o	-3,6o	oo5,55	-o,29	- 5,35	ooo,2o	-1,o4
			oo7,48	±o,29	- 3,29	oo4,19	±o,29	67,24	57,63	996,39	±o,39	+ 9,71	oo6,1o	±o,55	oo5,84	±o,17	- 4,6o	oo1,24	±o,34

P e n d e l s a t z   B

Station T	Nr. Mess.	Nr. Auf.	T_1	v_1	Δ_{21}	T_2	v_2	P_{12}	P_{34}	T_3	v_3	Δ_{43}	T_4	v_4	T_{12}	v_{12}	Δ_{43-21}	T_{34}	v_{34}
Sofia	7	1	643,23	-0,98	- 0,46	642,77	-1,23	7,04	6,16	635,10	-0,97	+ 6,30	641,40	-2,61	642,98	-1,12	- 4,71	638,27	-1,77
	8	1	643,42	-0,79	+ 0,62	644,04	+0,04	2,52	2,29	634,52	-1,55	+10,46	644,98	+0,97	643,72	-0,38	- 3,93	639,79	-0,25
0,5084...	9	1	643,60	-0,61	- 0,20	643,40	-0,60	1,84	1,44	634,40	-1,67	+ 6,80	641,20	-2,81	643,50	-0,60	- 5,70	637,80	-2,24
	10	1	644,04	-0,17	- 2,34	641,70	-2,30	6,27	5,22	632,58	-3,49	+ 9,82	642,40	-1,61	642,86	-1,24	- 5,37	637,49	-2,55
	11	1	645,99	+1,78	- 0,56	645,43	+1,43	3,13	2,84	635,38	-0,69	+10,82	646,20	+2,19	645,71	+1,61	- 4,90	640,81	+0,77
	12	1	643,50	-0,71	- 1,20	642,30	-1,70	2,52	2,06	634,30	-1,77	+ 6,30	640,60	-3,41	642,90	-1,20	- 5,45	637,45	-2,59
	24	2	643,88	-0,33	+ 1,71	645,59	+1,59	8,74	7,70	638,03	+1,96	+ 7,09	645,12	+1,11	644,72	+0,62	- 3,16	641,56	+1,52
	25	2	644,87	+0,66	+ 0,80	645,67	+1,67	3,87	3,71	638,58	+2,51	+ 7,55	646,13	+2,12	645,25	+1,15	- 2,94	642,31	+2,27
	26	2	643,00	-1,21	0,00	643,00	-1,00	2,63	2,11	634,60	-1,47	+ 7,10	641,70	-2,31	643,00	-1,10	- 4,85	638,15	-1,89
	27	2	644,61	+0,40	- 0,35	644,26	+0,26	8,72	7,46	637,94	+1,87	+ 7,41	645,35	+1,34	644,47	+0,37	- 2,83	641,64	+1,60
	28	2	645,35	+1,14	- 0,39	644,96	+0,96	3,85	3,63	636,97	+0,90	+ 9,77	646,74	+2,73	645,15	+1,05	- 3,29	641,86	+1,82
	29	2	644,80	+0,59	- 0,70	644,10	+0,10	4,51	3,70	635,30	-0,77	+ 7,60	642,90	-1,11	644,45	+0,35	- 5,35	639,10	-0,94
			644,21	±0,24	- 0,21	644,00	±0,40	55,64	48,32	636,07	±0,57	+ 7,94	644,01	±0,60	644,10	±0,28	- 4,06	640,04	±0,54
ΔT_m			- 1,45	±0,15		- 1,15	±0,15			- 1,15	±0,15		- 0,62	±0,15	- 1,30	±0,11		- 0,88	±0,11
			642,76	±0,28	+ 0,09	642,85	±0,43			634,92	±0,59	+ 8,47	643,39	±0,61	642,80	±0,30	- 3,64	639,16	±0,55

P e n d e l s a t z   B

Station T	Nr. Mess.	Nr. Auf.	T_1	v_1	Δ_{21}	T_2	v_2	P_{12}	P_{34}	T_3	v_3	Δ_{43}	T_4	v_4	T_{12}	v_{12}	Δ_{43-21}	T_{34}	v_{34}
Pots-	7	1	oo6,95	-o,62	- o,36	oo6,59	-o,75	8,76	7,3o	999,14	+o,16	+ 7,67	oo6,81	+o,66	oo6,78	-o,67	- 3,79	oo2,99	+o,42
dam IIa	8	1	oo7,57	o,oo	+ o,96	oo8,53	+1,19	4,oo	3,59	999,59	+o,61	+ 9,2o	oo8,79	+2,64	oo8,o5	+o,6o	- 3,87	oo4,18	+1,61
o,5o81/2,	9	1	oo7,4o	-o,17	- 1,8o	oo5,6o	-1,74	4,51	3,78	997,8o	-1,18	+ 7,4o	oo5,2o	-o,95	oo6,5o	-o,95	- 5,oo	oo1,5o	-1,o7
	1o	1	oo7,41	-o,16	- 1,94	oo5,47	-1,87	8,64	7,4o	997,77	-1,21	+ 6,38	oo4,15	-2,oo	oo6,44	-1,o1	- 5,48	ooo,96	-1,61
	11	1	oo7,82	+o,25	- o,77	oo7,o5	-o,29	3,88	3,6o	998,69	-o,29	+ 8,o8	oo6,77	+o,62	oo7,4o	-o,o5	- 4,67	oo2,73	+o,16
	12	1	oo8,5o	+o,93	- 3,3o	oo5,2o	-2,14	4,42	3,7o	997,6o	-1,38	+ 5,9o	oo3,5o	-2,65	oo6,85	-o,6o	- 6,3o	ooo,55	-2,o2
IIb	31	2	oo6,3o	-1,27	+ 3,6o	oo9,9o	+2,56	3,84	3,69	999,1o	+o,12	+ 7,2o	oo6,3o	+o,15	oo8,1o	+o,65	- 5,4o	oo2,7o	+o,13
	32	2	oo8,12	+o,55	+ o,2o	oo8,32	+o,98	3,84	3,72	998,59	-o,39	+ 8,89	oo7,48	+1,33	oo8,23	+o,78	- 5,18	oo3,o5	+o,48
	33	2	oo7,6o	+o,o3	+ o,4o	oo8,oo	+o,66	4,9o	3,96	997,4o	-1,58	+ 6,3o	oo3,7o	-2,45	oo7,8o	+o,35	- 7,25	ooo,55	-2,o2
	34	2	oo7,49	-o,o8	+ o,12	oo7,61	+o,27	8,9o	7,44	oo1,39	+2,41	+ 5,67	oo7,o6	+o,91	oo7,53	+o,o8	- 3,3o	oo4,23	+1,66
	35	2	oo8,42	+o,85	+ o,85	oo9,27	+1,93	3,92	3,71	oo1,o1	+2,o3	+ 8,1o	oo9,11	+2,96	oo8,82	+1,37	- 3,74	oo5,o8	+2,51
	36	2	oo8,1o	+o,53	+ 1,3o	oo9,4o	+2,o6	4,51	3,7o	998,5o	-o,48	+ 7,2o	oo5,7o	-o,45	oo8,75	+1,3o	- 6,65	oo2,1o	-o,47
			oo7,57	±o,16	- o,23	oo7,34	±o,45	64,12	55,59	998,98	±o,39	+ 7,17	oo6,15	±o,51	oo7,45	±o,24	- 4,88	oo2,57	±o,43

ТАБЛИЦА III

Наблюдаемые и редуцированные периоды качания маятников по болгарским измерениям

С о ф и я I

γ_{12} = 18,6
γ_{34} = 18,8

дата	№	время наблюдения	№ маят.	t [°C]	p [Top]	a_H [']	a_K [']	ΔT_a	$\Delta T_{t,p}$	ΔT_c	T_{Ha}	T	$\Delta\tau$ [h]
												o,4927 . . .	
3.XI. 1958	1	14^{14}–16^{14}	1	16,3	12,5	38,o	27,8	– 28,1	– 17,7	o,o	837,8	792,o	
			2			38,o	27,8	– 28,1	– 46,6	o,o	841,3	766,6	
			3			37,8	27,7	– 27,8	– 6,6	o,o	832,1	797,7	
			4			38,4	27,7	– 28,2	– 13,7	–o,1	834,4	792,4	2
												787,2	
		14^{14}–18^{1o}	1	16,3	12,8	38,o	21,o	– 22,1	– 18,3	–o,4	83o,9	79o,1	
			2			38,o	2o,2	– 21,4	– 47,7	+o,4	833,8	765,1	
			3			37,8	2o,4	– 21,5	– 7,3	o,o	824,4	795,6	
			4			38,4	2o,1	– 21,6	– 14,2	o,o	825,2	789,4	4
												785,2	
		14^{14}–$2o^{14}$	1	16,4	13,o	38,o	15,1	– 17,4	– 18,5	–o,4	826,5	79o,2	
			2			38,o	14,5	– 16,7	– 47,3	+o,4	829,8	766,2	
			3			37,8	14,4	– 16,5	– 7,3	+o,1	82o,9	797,2	
			4			38,4	14,2	– 16,7	– 14,3	o,o	82o,1	789,1	6
												785,7	
		16^{14}–18^{14}	1	16,5	13,o	27,8	2o,7	– 15,3	– 18,4	–o,3	825,8	791,8	
			2			27,8	2o,1	– 14,8	– 47,4	+o,2	826,2	764,2	
			3			27,7	2o,2	– 14,9	– 7,2	o,o	817,8	795,7	
			4			27,7	2o,1	– 14,7	– 14,3	o,o	815,9	786,9	2
												784,6	
		16^{14}–$2o^{14}$	1	16,5	12,9	27,8	15,1	– 11,6	– 18,4	–o,4	82o,8	79o,4	
			2			27.8	14,5	– 11,3	– 47,4	+o,4	824,o	765,7	
			3			27,7	14,4	– 11,2	– 7,1	–o,1	815,2	796,8	
			4			27,7	14,2	– 11,1	– 14,2	+o,1	812,8	787,6	4
												785,1	
		18^{14}–$2o^{14}$	1	16,5	13,5	2o,7	15,1	– 8,2	– 19,2	–o,6	815,8	787,8	
			2			2o,1	14,5	– 7,8	– 48,3	+o,6	821,8	766,3	
			3			2o,2	14,4	– 7,8	– 7,9	–o,2	812,6	796,7	
			4			2o,1	14,2	– 7,6	– 15,1	+o,2	8o9,8	787,3	2
												784,5	

дата	№	время наблюдения	№ маят.	t [°C]	p [Тор]	a_H [']	a_K [']	ΔT_a	$\Delta T_{t,p}$	ΔT_o	T_{Ha}	T	$\Delta\tau$ [h]
												o,4927....	
3. XI. 1958	2	$20^{30}-22^{10}$	1	16,5	13,8	39,3	30,4	- 31,4	- 19,5	-o,1	837,o	786,o	
			2			39,2	30,2	- 31,4	- 48,5	+o,1	839,5	759,7	
			3			39,o	30,o	- 30,9	- 8,2	-o,1	832,1	792,9	
			4			39,3	30,o	- 30,5	- 15,3	+o,1	833,6	787,9	
												781,6	2
		$20^{30}-23^{13}$	1	16,6	14,o	39,3	25,8	- 27,2	- 19,7	-o,2	836,4	789,3	
			2			39,2	25,2	- 26,7	- 48,8	+o,2	84o,1	764,8	
			3			39,o	25,3	- 23,6	- 8,2	-o,1	83o,7	798,8	
			4			39,3	25,1	- 27,6	- 15,3	o,o	832,2	789,3	
												785,6	3
		$22^{10}-23^{13}$	1	16,7	14,3	3o,4	25,8	- 2o,6	- 2o,3	-o,3	835,4	794,2	
			2			3o,2	25,2	- 2o,o	- 49,5	+o,3	841,1	771,9	
			3			3o,o	25,3	- 19,8	- 8,7	-o,1	828,5	799,9	
			4			3o,o	25,1	- 19,7	- 15,8	+o,1	83o,o	794,6	
												79o,2	1
												o,4927 ...	
3. XI. 1958	3	$23^{35}-9^{35}$	1	16,6	15,1	38,5	7,7	- 11,5	- 21,4	-o,7	825,9	792,3	
			2			38,4	7,2	- 11,1	- 5o,4	+o,6	828,6	767,7	
			3			38,2	7,3	- 11,o	- 9,8	+o,5	82o,4	799,1	
			4			38,5	7,o	- 1o,9	- 16,8	+o,5	821,1	793,9	
												788,2	1o

дата	№	время наблюдения	№ маят.	t [°C]	p [Top]	a_H [']	a_K [']	ΔT_a	$\Delta T_{t,p}$	ΔT_c	T_{Ha}	T	$\Delta \tau$ [h]
											o,4927 . . .		
4.XI. 1958	4	14^{1o}–16^{1o}	1	17,o	14,2	38,6	28,2	– 28,9	– 2o,2	–o,1	84o,4	791,2	
			2			38,6	28,o	– 28,7	– 49,9	+o,1	84o,8	762,3	
			3			38,6	28,1	– 28,7	– 8,3	–o,1	834,4	797,3	
			4			38,6	27,7	– 28,4	– 15,5	+o,1	838,8	795,o	
												786,4	2
		14^{1o}–18^{15}	1	17,o	14,2	38,6	2o,3	– 21,9	– 2o,3	–o,2	835,9	793,5	
			2			38,6	19,9	– 21,6	– 5o,1	+o,2	838,8	767,3	
			3			38,6	2o,5	– 22,1	– 8,4	+o,6	829,6	799,7	
			4			38,6	19,3	– 21,o	– 15,7	–o,6	833,o	795,7	
												789,o	4
		14^{1o}–$2o^{o9}$	1	17,o	14,6	38,6	15,2	– 17,6	– 2o,4	–o,5	83o,9	792,4	
			2			38,6	14,5	– 17,1	– 5o,2	+o,4	834,1	767,2	
			3			38,6	15,o	– 17,5	– 6,6	–o,8	825,o	798,1	
			4			38,6	13,8	– 16,5	– 15,8	+o,8	827,1	795,6	
												788,3	6
		16^{1o}–18^{15}	1	17,o	14,4	28,2	2o,3	– 15,3	– 2o,3	–o,2	831,6	795,8	
			2			28,o	19,9	– 14,o	– 5o,1	+o,2	836,9	773,o	
			3			28,1	2o,5	– 15,3	– 8,4	–o,7	825,o	8oo,6	
			4			27,7	19,3	– 14,2	– 15,7	+o,7	827,4	798,2	
												791,9	2
		16^{1o}–$2o^{o9}$	1	16,9	14,7	28,2	15,2	– 11,9	– 2o,5	–o,6	826,2	793,2	
			2			28,o	14,5	– 11,3	– 5o,3	+o,4	83o,8	769,6	
			3			28,1	15,o	– 11,7	– 9,2	–o,9	82o,3	798,5	
			4			27,7	13,8	– 1o,8	– 16,o	+o,9	821,2	795,3	
												789,2	4
		18^{15}–$2o^{o9}$	1	17,o	14,9	2o,3	15,2	– 8,2	– 2o,5	–o,8	82o,4	79o,9	
			2			19,9	14,5	– 7,7	– 5o,1	+o,6	824,3	767,1	
			3			2o,5	15,o	– 8,2	– 9,2	–1,3	815,2	796,5	
			4			19,3	13,8	– 7,1	– 16,o	+1,3	814,6	792,8	
												786,8	2

дата	№	время наблюдения	№ маят.	t [°C]	p [Тор]	a_H [']	a_K [']	ΔT_a	$\Delta T_{t,p}$	ΔT_c	T_{Ha}	T	$\Delta\tau$ [h]
											0,4927 . . .		
4.XI. 1958	5	20^{18}–22^{15}	1	16,8	15,1	39,4	28,7	− 30,0	− 21,2	−0,1	843,0	791,7	
			2			39,2	28,5	− 29,6	− 50,6	+0,1	848,3	768,2	
			3			39,2	28,5	− 29,6	− 9,6	0,0	839,4	800,2	
			4			39,4	28,4	− 29,8	− 16,7	0,0	843,5	797,0	
												789,3	2
		20^{18}–23^{16}	1	16,8	15,4	39,4	24,6	− 26,2	− 21,4	−0,3	837,9	790,0	
			2			39,2	23,9	− 25,5	− 50,8	+0,3	844,4	768,4	
			3			39,2	24,0	− 25,6	− 9,8	−0,1	834,0	798,5	
			4			39,4	23,7	− 25,4	− 17,0	+0,1	837,5	795,2	
												788,0	3
		22^{15}–23^{16}	1	16,8	15,1	28,7	24,6	− 18,5	− 21,4	−0,3	829,6	789,4	
			2			28,5	23,9	− 17,9	− 50,8	+0,3	836,7	768,3	
			3			28,5	24,0	− 18,0	− 9,8	−0,2	823,7	795,7	
			4			28,4	23,7	− 17,7	− 17,0	+0,2	826,2	791,7	
												786,3	1
											0,4927 . . .		
4.XI. 1958	6	23^{16}– 9^{35}	1	16,6	15,9	24,6	8,4	− 12,5	− 22,4	−1,6	826,7	790,2	
			2			23,9	7,1	− 11,3	− 51,3	+1,7	829,6	768,7	
			3			24,0	7,8	− 11,8	− 10,7	−0,6	821,0	797,9	
			4			23,7	7,2	− 11,5	− 17,9	+0,6	822,0	793,2	
												787,5	10

дата	№	время наблюдения	№ маят.	t [°C]	p [Тор]	a_H [']	a_K [']	ΔT_a	$\Delta T_{t,p}$	ΔT_o	T_{Ha}	T	$\Delta\tau$ [h]
											o,4927 . . .		
5.XI. 1958	7	14^{1o}–15^{49}	1	17,4	6,4	38,7	3o,4	- 31,1	- 9,o	-o,1	836,o	795,8	
			2			38,7	3o,o	- 3o,8	- 39,7	+o,1	841,1	77o,7	
			3			38,5	3o,o	- 3o,5	+ 2,9	+o,1	827,4	799,9	
			4			38,8	3o,1	- 3o,8	- 5,1	-o,1	835,6	799,6	
												791,5	2
		14^{1o}–18^{14}	1	17,3	6,6	38,7	21,8	- 23,3	- 9,6	-o,5	828,6	795,2	
			2			38,7	2o,4	- 22,1	- 4o,2	+o,5	832,7	77o,9	
			3			38,5	21,o	- 22,7	+ 2,2	-o,3	822,3	8o1,5	
			4			38,8	2o,2	- 22,2	- 5,6	+o,3	826,5	799,o	
												791,6	4
		14^{1o}–$2o^{1o}$	1	17,2	6,9	38,7	16,4	- 18,7	- 9,7	-o,9	827,5	798,2	
			2			38,7	14,9	- 17,4	- 4o,2	o,o	827,8	77o,2	
			3			38,5	15,7	- 18,o	+ 1,9	-o,5	817,6	8o1,o	
			4			38,8	14,9	- 17,5	- 5,9	+o,5	822,3	799,4	
												792,2	6
		15^{49}–18^{14}	1	17,2	6,8	3o,4	21,8	- 17,6	- 9,7	-o,6	823,5	795,6	
			2			3o,o	2o,4	- 16,4	- 4o,2	+o,6	826,9	77o,9	
			3			3o,o	21,o	- 16,8	+ 1,9	-o,4	818,8	8o3,5	
			4			3o,1	2o,2	- 16,3	- 5,7	+o,3	82o,2	798,5	
												792,1	2
		15^{49}–$2o^{1o}$	1	17,1	7,o	3o,4	16,4	- 13,9	- 9,9	-1,o	824,2	799,4	
			2			3o,o	14,9	- 12,6	- 4o,1	+o,1	822,7	77o,1	
			3			3o,o	15,7	- 13,4	+ 1,7	-o,6	813,9	8o1,6	
			4			3o,1	14,9	- 12,7	- 6,o	+o,4	817,2	798,9	
												792,5	4
		18^{1o}–$2o^{1o}$	1	17,1	7,o	21,9	16,4	- 9,2	- 9,9	-1,4	824,7	8o4,2	
			2			2o,6	14,9	- 8,5	- 4o,1	+o,5	816,2	768,1	
			3			21,3	15,7	- 8,9	+ 1,7	-1,o	811,4	8o3,2	
			4			2o,5	14,9	- 8,1	- 6,o	+o,7	813,9	8oo,5	
												794,o	2

дата	№	время наблюдения	№ маят.	t [°C]	p [Top]	a_A [']	a_K [']	ΔT_a	$\Delta T_{t,p}$	ΔT_c	T_{Ha}	T	$\Delta \tau$ [h]
											o,4927 . . .		
5.XI. 1958	8	$2o^{19}-22^{15}$	1	17,1	7,3	39,2	29,1	- 3o,2	- 1o,5	o,o	838,5	797,8	
			2			39,2	29,o	- 3o,2	- 4o,7	o,o	844,6	773,7	
			3			39,2	28,6	- 29,7	+ 1,1	-o,1	832,6	8o3,9	
			4			39,5	28,4	- 29,8	- 6,4	+o,2	841,9	8o5,9	
												795,3	2
		$2o^{19}-23^{19}$	1	17,2	7,4	39,2	24,7	- 27,2	- 1o,6	-o,1	835,3	797,4	
			2			39,2	24,5	- 26,o	- 4o,8	+o,1	84o,9	774,2	
			3			39,2	24,5	- 26,o	+ 1,2	-o,4	829,o	8o3,8	
			4			39,5	23,7	- 25,4	- 6,4	+o,1	837,2	8o5,5	
												795,2	3
		$22^{15}-23^{19}$	1	17,2	7,6	29,1	24,7	- 18,8	- 11,1	-o,1	829,7	799,7	
			2			29,o	24,5	- 18,9	- 41,4	+o,1	834,4	774,2	
			3			28,6	24,5	- 18,4	+ o,6	-o,4	822,6	8o4,4	
			4			28,4	25,7	- 17,8	- 7,o	+o,1	828,8	8o4,1	
												795,6	1

дата	№	время наблюдения	№ маят.	t [°C]	p [Тор]	a_H [']	a_K [']	ΔT_a	$\Delta T_{t,p}$	ΔT_o	T_{Ha}	T	$\Delta\tau$ [h]
											0,4927		
6.XI. 1958	9	$14^{14}-16^{12}$	1	17,2	8,5	38,2	28,6	- 29,0	- 12,2	-0,4	829,0	787,4	
			2			38,2	28,0	- 28,0	- 42,6	+0,2	833,2	762,8	
			3			38,2	28,0	- 28,0	- 0,3	0,0	827,2	798,9	
			4			38,3	27,9	- 28,3	- 8,0	0,0	831,5	795,2	
												786,1	2
		$14^{14}-18^{11}$	1	17,2	8,9	38,2	21,4	- 22,6	- 12,7	-0,3	825,2	789,6	
			2			38,2	20,8	- 21,2	- 43,0	+0,2	829,8	765,8	
			3			38,2	20,3	- 21,6	- 0,9	0,0	821,9	799,4	
			4			38,3	20,2	- 21,7	- 8,4	0,0	825,8	794,7	
												787,4	4
		$14^{14}-20^{11}$	1	17,2	8,8	38,2	16,0	- 18,1	- 12,8	-0,9	824,2	792,4	
			2			38,2	14,6	- 21,4	- 43,1	+0,8	828,4	764,7	
			3			38,2	14,7	- 17,0	- 1,0	-0,3	821,3	803,0	
			4			38,3	14,2	- 16,6	- 8,5	+0,3	823,2	798,4	
												789,6	6
		$16^{12}-18^{11}$	1	17,2	8,9	28,6	21,4	- 16,2	- 12,9	-0,5	821,3	791,7	
			2			28,0	20,8	- 15,4	- 43,1	+0,4	826,5	768,4	
			3			28,0	20,3	- 15,1	- 1,0	-0,2	816,7	800,4	
			4			27,9	20,2	- 15,0	- 8,5	+0,1	820,1	796,7	
												789,3	2
		$16^{12}-20^{11}$	1	17,2	9,1	28,6	16,0	- 12,6	- 13,0	-1,1	821,8	795,1	
			2			28,0	14,6	- 11,4	- 43,3	+0,9	826,1	772,3	
			3			28,0	14,7	- 11,3	- 1,2	-0,4	818,4	805,5	
			4			27,9	14,2	- 11,1	- 8,7	+0,4	819,1	799,7	
												793,2	4
		$18^{11}-20^{11}$	1	17,5	9,2	21,4	16,0	- 9,1	- 13,0	-1,2	822,3	799,0	
			2			20,8	14,6	- 8,1	- 43,5	+1,0	825,6	775,0	
			3			20,3	14,7	- 7,9	- 1,2	-0,4	820,1	810,6	
			4			20,2	14,2	- 7,0	- 8,8	+0,3	818,2	802,7	
												796,8	2

дата	№	время наблюдения	№ маят.	t [°C]	p [Тор]	a_H [']	a_K [']	ΔT_a	$\Delta T_{t,p}$	ΔT_c	T_{Ha}	T	$\Delta\gamma$ [h]
											0,4927 . . .		
8.XI. 1958	10	$20^{19}-22^{15}$	1	17,1	7,2	39,1	29,1	− 30,0	− 10,2	0,0	837,7	797,5	
			2			39,5	29,0	− 30,2	− 40,5	−0,1	844,9	774,1	
			3			39,2	28,8	− 30,0	+ 1,6	+0,1	829,3	801,0	
			4			39,6	28,9	− 30,2	− 6,4	−0,1	829,9	793,2	
												791,4	2
		$20^{19}-23^{15}$	1	17,1	7,4	39,1	25,2	− 27,2	− 10,4	−0,3	835,7	797,8	
			2			39,5	24,4	− 26,2	− 40,6	+0,1	843,5	776,8	
			3			39,2	24,4	− 26,0	+ 1,5	+0,1	826,9	802,5	
			4			39,6	24,5	− 26,1	− 6,7	−0,1	827,2	794,3	
												792,8	3
		$22^{15}-23^{15}$	1	17,1	7,5	29,1	25,2	− 19,2	− 10,5	−0,4	831,9	801,8	
			2			29,0	24,4	− 18,5	− 40,7	+0,2	840,7	781,7	
			3			28,8	24,4	− 18,4	+ 1,4	+0,1	822,3	805,4	
			4			28,9	24,5	− 18,6	− 6,7	−0,1	821,9	796,5	
												796,4	1
											0,4927 . . .		
12.XI. 1958	11	$20^{18}-23^{19}$	1	17,6	7,9	38,9	25,8	− 26,9	− 11,2	−0,3	827,6	789,2	
			2			39,1	25,1	− 26,4	− 42,2	+0,2	833,3	764,9	
			3			38,8	25,7	− 26,7	+ 0,7	−0,4	809,1	782,7	
			4			39,0	24,4	− 25,8	− 7,2	+0,4	822,3	789,7	
												781,6	3
		$22^{19}-23^{19}$	1	17,6	7,9	29,6	25,8	− 20,0	− 11,2	−0,4	823,7	792,1	
			2			29,2	25,1	− 19,2	− 42,2	+0,3	829,1	768,0	
			3			29,6	25,7	− 20,0	+ 0,7	−0,8	807,3	787,2	
			4			28,5	24,4	− 18,3	− 7,2	+0,8	816,1	791,4	
												784,7	1
											0,4927 . . .		
12.XI. 1958	12	$23^{35}-9^{35}$	1	17,5	7,9	38,1	10,6	− 13,6	− 11,2	−1,9	816,5	789,8	
			2			38,4	8,4	− 12,0	− 42,2	+2,2	818,5	766,5	
			3			38,0	10,4	− 13,4	+ 0,6	−3,0	801,4	785,6	
			4			38,5	7,1	− 11,1	− 7,2	+3,9	806,0	791,6	
												783,4	10

дата	№	время наблюдения	№ маят.	t [°C]	p [Тор]	a_H [']	a_K [']	ΔT_a	$\Delta T_{t,p}$	ΔT_c	T_{Ha}	T	$\Delta\tau$ [h]
											o,4927 . . .		
13.XI. 1958	13	$16^{1o}-18^{1o}$	1	17,8	8,o	38,3	29,2	- 29,8	- 11,3	-o,3	831,2	789,8	
			2			37,9	28,5	- 28,5	- 42,7	+o,3	834,4	763,5	
			3			37,9	28,5	- 28,5	+ o,9	o,o	825,3	797,7	
			4			38,o	28,5	- 28,5	- 7,2	o,o	832,2	796,5	
												786,9	2
		$16^{1o}-2o^{11}$	1	17,8	8,o	38,3	22,o	- 23,1	- 11,3	-o,5	823,6	788,7	
			2			37,9	21,o	- 22,o	- 42,7	+o,6	825,o	76o,9	
			3			37,9	21,6	- 22,5	+ o,9	-o,4	816,3	794,3	
			4			38,o	2o,7	- 21,6	- 7,2	+o,3	822,7	794,2	
												784,5	4
		$18^{1o}-2o^{11}$	1	17,8	8,o	29,2	22,o	- 17,o	- 11,3	-o,6	816,1	787,2	
			2			28,5	21,o	- 15,9	- 42,7	+o,7	815,5	757,6	
			3			28,5	21,6	- 16,3	+ o,9	-o,4	8o7,4	791,6	
			4			28,5	2o,7	- 15,7	- 7,2	+o,3	813,3	79o,7	
												781,8	2
											o,4927 . . .		
13.XI. 1958	14	$23^{35}-9^{48}$	1	17,8	8,2	39,2	9,o	- 12,9	- 11,8	-o,7	817,1	791,7	
			2			39,2	8,4	- 12,4	- 43,3	+o,6	819,5	764,4	
			3			39,1	8,5	- 12,4	+ o,4	-o,3	81o,9	798,6	
			4			39,2	8,2	- 12,3	- 7,4	+o,3	811,9	792,5	
												786,8	1o
											o,4927 . . .		
14.XI. 1958	15	$14^{14}-18^{1o}$	1	18,1	9,4	38,3	21,8	- 22,9	- 13,6	-o,2	825,8	789,1	
			2			38,4	21,4	- 22,8	- 45,o	+o,1	831,4	763,7	
			3			38,2	21,4	- 22,6	- 1,o	-o,1	82o,6	796,9	
			4			38,2	21,1	- 22,4	- 9,o	+o,1	821,8	79o,5	
												785,o	4
		$18^{14}-23^{32}$	1	18,o	9,4	21,5	1o,2	- 6,3	- 13,6	-1,7	8o9,o	787,4	
			2			21,2	9,2	- 5,7	- 44,9	-1,5	811,o	761,9	
			3			21,o	9,5	- 5,8	- 1,1	-1,o	8o2,8	794,9	
			4			2o,8	9,o	- 5,5	- 9,1	+1,o	8o1,1	787,5	
												782,9	5

П о т с д а м

дата	№	время наблюдения	№ маят.	t [°C]	p [Тор]	a_H [']	a_K [']	ΔT_a	$\Delta T_{t,p}$	ΔT_o	T_{Ha}	T	$\Delta\tau$ [h]
											o,4925 . . .		
2.XII. 1958	1	13^{38}–15^{14}	1	17,o	4,9	37,3	28,9	– 28,3	– 6,6	–o,4	258,2	222,9	
			2			37,2	28,5	– 28,o	– 37,o	+o,2	268,3	2o3,5	
			3			37,3	29,o	– 28,5	+ 4,7	–o,5	265,4	241,1	
			4			37,3	27,9	– 27,5	– 3,o	+o,5	269,o	239,o	
γ_{12} = 28,6												226,6	2
γ_{34} = 28,o		13^{38}–17^{14}	1	16,9	5,3	37,3	24,o	– 24,1	– 7,2	–1,8	255,5	222,4	
			2			37,2	21,3	– 21,8	– 37,4	+1,8	261,o	2o3,6	
			3			37,3	23,5	– 23,7	+ 3,9	–o,9	259,6	238,9	
			4			37,3	22,1	– 22,5	– 3,7	+2,2	262,1	238,1	
												225,8	4
		13^{38}–19^{10}	1	17,o	5,6	37,3	19,2	– 19,9	– 8,o	–3,o	255,2	224,3	
			2			37,2	15,4	– 17,o	– 38,2	+3,5	257,2	2o5,5	
			3			37,3	18,3	– 19,3	+ 3,5	–1,5	259,4	242,1	
			4			37,3	16,3	– 17,7	– 4,2	+1,7	259,7	239,5	
												227,8	6
		15^{14}–17^{14}	1	16,9	5,4	28,9	24,o	– 18,3	– 6,5	–o,1	253,4	228,5	
			2			28,5	21,3	– 16,o	– 36,9	+1,8	255,1	2o4,o	
			3			29,o	23,5	– 18,o	+ 4,6	–1,4	254,9	24o,1	
			4			27,9	22,1	– 16,3	– 3,1	+1,4	256,5	238,5	
												227,8	2
		15^{14}–19^{10}	1	17,o	5,7	28,9	19,2	– 14,9	– 8,1	–3,3	253,9	227,6	
			2			28,5	15,4	– 12,2	– 38,3	+3,6	252,6	2o5,7	
			3			29,o	18,3	– 14,3	+ 3,4	–2,o	257,o	244,1	
			4			27,9	16,3	– 12,2	– 4,3	+2,3	255,9	241,7	
												229,8	4
		17^{14}–19^{10}	1	16,9	6,7	24,o	19,2	– 12,1	– 8,9	–4,5	254,5	229,o	
			2			21,3	15,4	– 8,9	– 39,1	+5,2	25o,2	2o7,4	
			3			23,5	18,3	– 11,3	+ 2,5	–2,4	259,o	247,8	
			4			22,1	16,3	– 8,o	– 5,2	+2,6	253,3	242,7	
												231,7	2

дата	№	время наблюдения	№ маят.	t [°C]	p [Top]	a_H [']	a_K [']	ΔT_a	$\Delta T_{t,p}$	ΔT_c	T_{Ha}	T	$\Delta\tau$ [h]
											o,4925 . . .		
3.XII. 1958	2	13^{14}–15^{14}	1	17,o	4,8	38,8	29,8	- 3o,5	- 6,4	-o,4	276,7	239,4	
			2			38,4	29,2	- 29,6	- 36,9	+o,4	276,8	21o,7	
			3			39,o	29,4	- 3o,4	+ 4,8	-o,1	264,1	238,4	
			4			38,8	29,3	- 3o,o	- 2,9	+o,1	267,5	234,7	
												23o,8	2
		13^{14}–17^{14}	1	17,o	5,1	38,8	22,6	- 24,o	- 7,1	-1,o	269,6	237,5	
			2			38,4	21,3	- 22,4	- 37,5	+1,o	269,2	21o,3	
			3			39,o	22,3	- 23,8	+ 4,3	-o,6	258,2	238,1	
			4			38,8	21,4	- 22,9	- 3,4	+o,6	259,o	233,3	
												229,8	4
		13^{1o}–19^{11}	1	17,o	5,3	39,2	16,5	- 19,1	- 7,2	-o,8	265,4	238,3	
			2			38,6	15,8	- 18,1	- 37,7	+o,9	263,5	2o8,6	
			3			39,3	16,9	- 19,4	+ 4,1	-o,8	254,3	238,2	
			4			39,1	16,o	- 18,7	- 3,6	+o,9	254,1	232,7	
												229,4	6
		15^{14}–17^{14}	1	17,o	5,3	29,8	22,6	- 17,8	- 7,2	-1,1	262,6	236,5	
			2			29,2	21,3	- 16,5	- 37,7	+1,1	261,6	2o8,5	
			3			29,4	22,3	- 17,3	+ 4,1	-o,6	252,4	238,6	
			4			29,3	21,4	- 16,6	- 3,6	+o,6	25o,6	231,o	
												228,6	2
		15^{1o}–19^{11}	1	17,o	5,4	3o,1	16,5	- 13,8	- 7,3	-o,9	258,3	236,3	
			2			29,5	15,8	- 13,o	- 37,8	+o,9	255,8	2o5,9	
			3			29,7	16,9	- 13,8	+ 4,o	-o,8	248,2	237,6	
			4			29,6	16,o	- 13,1	- 3,7	+o,8	246,1	23o,1	
												227,5	4
		17^{1o}–19^{11}	1	17,o	5,8	22,9	16,5	- 1o,5	- 8,o	-1,4	254,5	234,6	
			2			21,6	15,8	- 9,7	- 38,4	+1,5	25o,1	2o3,5	
			3			22,6	16,9	- 1o,1	+ 3,3	-1,3	244,1	236,o	
			4			21,7	16,o	- 9,2	- 4,4	+1,4	241,1	228,9	
												225,8	2

дата	№	время наблюдения	№ маят.	t [°C]	p [Тор]	a_H [']	a_K [']	ΔT_a	$\Delta T_{t,p}$	ΔT_c	T_{Ha}	T	$\Delta\tau$ [h]
											o,4925 . . .		
3.XII. 1958	3	19^{2o}–21^{15}	1	16,9	6,1	39,o	28,9	− 29,8	− 8,9	−o,1	272,7	233,9	
			2			39,o	29,1	− 3o,o	− 38,9	+o,1	272,o	2o3,2	
			3			38,6	29,4	− 3o,o	+ 2,6	−o,2	262,3	234,7	
			4			39,1	29,5	− 31,5	− 5,o	+o,2	264,1	227,8	
												224,9	2
		19^{2o}–22^{19}	1	16,9	6,2	39,o	26,o	− 27,3	− 8,9	−o,9	271,7	234,6	
			2			39,o	24,4	− 25,8	− 39,o	+o,9	269,7	2o5,8	
			3			38,6	25,2	− 26,1	+ 2,6	−o,1	261,6	238.o	
			4			39,1	25,1	− 26,4	− 5,1	+o,1	262,6	231,2	
												227,4	3

дата	№	время наблюдения	№ маят.	t [°C]	p [Тор]	a_H [']	a_K [']	ΔT_a	$\Delta T_{t,p}$	ΔT_c	T_{Ha}	T	$\Delta\tau$ [h]
											0,4925 . . .		
4.XII. 1958	4	$13^{10}-17^{17}$	1	16,9	4,6	38,7	22,4	- 23,8	- 5,9	-1,5	265,9	234,7	
			2			38,4	20,2	- 21,6	- 36,3	+1,7	264,6	208,4	
			3			38,7	23,5	- 24,8	+ 5,3	-1,5	257,8	236,8	
			4			38,6	21,1	- 22,6	- 2,5	+1,5	263,2	239,6	
												229,9	4
		$13^{10}-15^{14}$	1	16,9	4,6	38,7	29,8	- 30,5	- 5,9	-0,5	271,7	234,8	
			2			38,4	27,7	- 28,2	- 36,3	+0,5	274,8	210,8	
			3			38,7	29,6	- 30,3	+ 5,3	-0,3	263,1	237,8	
			4			38,6	28,6	- 29,3	- 2,5	+0,3	272,0	240,5	
												231,0	2
		$13^{10}-19^{10}$	1	16,9	4,6	38,7	17,8	- 20,0	- 5,9	-2,3	263,8	235,6	
			2			38,4	15,1	- 17,4	- 36,3	+2,6	259,7	208,6	
			3			38,7	18,3	- 20,2	+ 5,3	-1,9	256,2	[illegible]	
			4			38,6	15,9	- 18,2	- 2,5	+2,2	258,9	240,4	
												231,0	6
		$15^{14}-17^{20}$	1	16,8	4,6	29,8	22,3	- 17,6	- 5,9	-2,4	260,0	234,1	
			2			27,7	20,0	- 14,7	- 36,1	+2,7	255,1	207,0	
			3			29,6	23,3	- 18,2	+ 5,2	-1,9	252,6	237,7	
			4			28,6	21,0	- 15,9	- 2,5	+1,9	253,4	236,9	
												228,9	2
		$15^{14}-19^{10}$	1	16,8	4,6	29,8	17,8	- 14,7	- 5,9	-3,2	259,6	235,8	
			2			27,7	15,1	- 11,6	- 36,1	+3,6	251,9	207,8	
			3			29,6	18,3	- 14,7	+ 5,2	-2,4	252,6	240,7	
			4			28,6	15,9	- 12,6	- 2,5	+2,6	251,9	239,4	
												230,9	4
		$17^{20}-19^{10}$	1	16,8	4,6	22,3	17,8	- 10,2	- 5,9	-3,7	259,1	239,3	
			2			20,2	15,1	- 8,0	- 36,1	+4,1	248,2	208,2	
			3			23,3	18,3	- 11,2	+ 5,2	-3,3	252,6	243,3	
			4			21,0	15,9	- 8,5	- 2,5	+3,6	250,2	242,8	
												233,4	2
											0,4925 . . .		
4.XII. 1958	5	$22^{35}-8^{35}$	1	16,8	5,2	38,8	9,0	- 12,7	- 7,3	-1,6	256,4	234,8	
			2			38,6	8,2	- 12,0	- 37,3	+1,1	252,3	204,1	
			3			38,6	10,1	- 13,5	+ 3,9	-2,4	251,4	239,4	
			4			38,6	8,4	- 12,1	- 3,7	+2,8	250,9	237,9	
												229,0	10

дата	№	время наблюдения	№ маят.	t [°C]	p [Тор]	a_H [']	a_K [']	ΔT_a	$\Delta T_{t,p}$	ΔT_c	T_{Ha}	T	$\Delta\tau$ [h]
											o,4925 . . .		
5.XII. 1958	6	$13^{13}-15^{10}$	1	16,8	4,5	38,9	30,1	− 30,8	− 5,8	−0,8	267,2	229,8	
			2			38,9	28,4	− 29,3	− 36,0	+0,9	271,5	207,1	
			3			38,6	30,1	− 30,6	+ 5,3	−0,4	262,7	237,0	
			4			38,7	29,0	− 29,8	− 2,4	+0,4	269,1	237,3	
												227,8	2
		$13^{13}-17^{14}$	1	16,8	4,5	38,9	23,5	− 24,9	− 6,0	−1,7	258,9	226,3	
			2			38,9	20,7	− 24,5	− 36,1	+1,9	260,4	201,7	
			3			38,6	23,1	− 24,3	+ 5,2	−1,3	254,4	234,0	
			4			38,7	21,4	− 22,6	− 2,5	+1,0	258,9	234,8	
												224,2	4
		$13^{13}-19^{10}$	1	16,8	4,6	38,9	17,6	− 19,8	− 5,9	−2,3	258,2	230,2	
			2			38,9	14,8	− 17,5	− 36,1	+2,6	254,6	203,6	
			3			38,6	18,0	− 19,9	+ 5,2	−1,8	253,5	237,0	
			4			38,7	15,7	− 18,2	− 2,5	+2,0	256,2	237,5	
												227,1	6
		$15^{14}-17^{14}$	1	16,8	4,6	30,0	23,5	− 18,6	− 5,9	−2,6	257,3	230,2	
			2			28,1	20,7	− 15,5	− 36,1	+2,8	255,3	206,5	
			3			29,8	23,1	− 18,1	+ 5,2	−1,6	252,4	237,9	
			4			28,7	21,4	− 16,3	− 2,5	+1,6	253,6	236,4	
												227,8	2
		$15^{14}-19^{10}$	1	16,8	4,6	30,0	17,6	− 14,4	− 5,9	−3,2	254,8	231,3	
			2			28,1	14,8	− 11,6	− 36,1	+3,6	247,0	202,9	
			3			29,8	18,0	− 14,6	+ 5,2	−2,2	249,8	238,2	
			4			28,7	15,7	− 12,5	− 2,5	+2,5	250,0	237,5	
												227,5	4
		$17^{14}-19^{10}$	1	16,8	4,7	23,5	17,6	− 10,9	− 6,4	−4,0	252,1	230,8	
			2			20,7	14,8	− 8,1	− 36,5	+4,5	238,4	198,3	
			3			23,1	18,0	− 11,0	+ 4,7	−2,9	247,2	238,0	
			4			21,4	15,7	− 8,8	− 2,9	+3,1	246,1	237,5	
												226,2	2

дата	№	время наблюдения	№ маят.	t [°C]	p [Тор]	a_H [']	a_K [']	ΔT_a	$\Delta T_{t,p}$	ΔT_c	T_{Ha}	T	$\Delta\tau$ [h]
											o,4925 . . .		
5.XII. 1958	7	19^{18}–21^{15}	1	16,8	4,9	38,8	29,7	- 28,o	- 6,5	-o,8	265,9	23o,6	
			2			38,6	28,1	- 28,8	- 36,7	+o,8	273,o	2o8,3	
			3			38,7	29,5	- 3o,2	+ 4,5	-o,5	263,6	237,4	
			4			38,3	28,8	- 29,2	- 3,1	+o,4	271,2	239,3	
												228,9	2
		19^{18}–22^{15}	1	16,8	5,o	38,8	26,1	- 27,1	- 6,6	-1,5	261,9	226,7	
			2			38,6	23,6	- 24,8	- 36,7	+1,5	268,3	2o8,3	
			3			38,7	25,9	- 26,9	+ 4,5	-1,1	258,8	235,3	
			4			38,3	24,1	- 27,8	- 3,1	+1,2	265,2	235,5	
												226,4	3
		21^{15}–22^{15}	1	16,8	5,o	29,7	26,1	- 2o,2	- 6,6	-2,3	254,3	225,2	
			2			28,1	23,6	- 17,5	- 36,7	+2,2	258,8	2o6,8	
			3			29,5	25,9	- 2o,o	+ 4,5	-1,3	249,4	232,6	
			4			28,8	24,1	- 18,2	- 3,1	+1,3	253,5	233,5	
												224,5	1
											o,4925 . . .		
5.XII. 1958	8	22^{5o}– 8^{35}	1	16,8	4,7	38,8	9,3	- 13,2	- 6,4	-o,8	258,9	238,5	
			2			38,4	8,9	- 12,4	- 36,5	+2,3	26o,4	213,8	
			3			38,6	1o,o	- 13,4	+ 4,7	-1,6	254,4	244,1	
			4			38,5	8,9	- 12,5	- 2,9	+1,8	258,9	245,3	
												235,4	1o

дата	№	время наблюдения	№ маят.	t [°C]	p [Тор]	a_H [']	a_K [']	ΔT_a	$\Delta T_{t,p}$	ΔT_c	T_{Ha}	T	$\Delta\tau$ [h]
											0,4925 . . .		
6.XII. 1958	9	$13^{10}-15^{14}$	1	16,8	4,6	39,0	29,9	− 30,7	− 5,9	−1,4	263,0	225,0	
			2			38,6	27,6	− 28,3	− 36,1	+1,2	271,8	208,6	
			3			38,8	29,5	− 30,2	+ 5,2	−0,4	263,5	238,1	
			4			38,8	28,7	− 29,5	− 2,5	+0,4	268,1	236,5	
												227,0	2
		$13^{10}-19^{09}$	1	16,8	4,6	39,0	18,4	− 18,2	− 5,9	−3,2	256,1	228,8	
			2			38,6	14,4	− 17,0	− 36,1	+4,1	256,1	207,1	
			3			38,8	18,0	− 20,1	+ 5,2	−1,5	254,1	237,7	
			4			38,8	16,2	− 18,3	− 2,5	+1,5	257,7	238,4	
												228,0	6
		$13^{10}-17^{09}$	1	16,8	4,6	39,0	23,7	− 25,2	− 5,9	−2,0	257,7	224,5	
			2			38,6	20,8	− 22,3	− 36,1	+2,0	262,1	205,7	
			3			38,8	22,9	− 23,3	+ 5,2	−0,8	256,1	237,2	
			4			38,8	21,7	− 23,2	− 2,5	+0,7	261,3	236,3	
												226,0	4
		$15^{14}-17^{09}$	1	16,8	4,6	29,9	23,7	− 18,7	− 5,9	−3,0	251,9	224,3	
			2			27,6	20,8	− 15,2	− 36,1	+3,0	251,6	203,3	
			3			29,5	22,9	− 17,8	+ 5,2	−1,2	248,1	234,3	
			4			28,7	21,7	− 16,5	− 2,5	+1,1	253,8	235,9	
												224,4	2
		$15^{14}-19^{09}$	1	16,8	4,6	29,9	18,4	− 12,4	− 5,9	−4,3	252,4	229,8	
			2			27,6	14,4	− 11,2	− 36,1	+5,1	247,8	205,6	
			3			29,5	18,0	− 14,4	+ 5,2	−1,8	249,2	238,2	
			4			28,7	16,2	− 12,8	− 2,6	+1,8	252,2	238,6	
												228,0	4
		$17^{09}-19^{09}$	1	16,8	4,6	23,7	18,4	− 8,3	− 5,9	−4,9	252,9	233,8	
			2			20,8	14,4	− 8,0	− 36,1	+5,9	244,2	206,0	
			3			22,9	18,0	− 10,8	+ 5,2	−2,3	250,2	242,3	
			4			21,7	16,2	− 9,3	− 2,5	+2,1	250,6	240,9	
												230,8	2

дата	№	время наблюдения	№ маят.	t [°C]	p [Top]	a_H [']	a_K [']	ΔT_a	$\Delta T_{t,p}$	ΔT_c	T_{Ha}	T	$\Delta\tau$ [h]
											o,4925 . . .		
6.XII. 1958	1o	$19^{18}-21^{15}$	1	16,8	4,6	39,1	3o,2	- 31,1	- 5,9	-1,4	261,4	223,o	
			2			38,8	27,8	- 28,7	- 36,1	+1,3	272,7	2o9,2	
			3			39,o	29,4	- 3o,4	+ 5,2	-o,2	263,5	238,1	
			4			38,6	29,2	- 29,8	- 2,5	+o,2	268,6	236,5	
												226,7	2
		$19^{18}-22^{19}$	1	16,8	4,6	39,1	26,4	- 27,7	- 5,9	-2,1	259,2	223,5	
			2			38,8	23,o	- 24,3	- 36,1	+2,o	268,5	21o,1	
			3			39,o	25,4	- 26,9	+ 5,2	-o,6	259,9	237,6	
			4			38,6	24,7	- 25,8	- 2,5	+o,5	265,3	237,5	
												227,8	3
		$21^{15}-22^{15}$	1	16,8	4,6	3o,2	26,7	- 21,1	- 5,9	-3,1	26o,8	23o,7	
			2			27,8	23,4	- 17,o	- 36,1	+3,o	265,8	215,7	
			3			29,4	25,7	- 19,7	+ 5,2	-o,4	257,8	242,9	
			4			29,2	25,1	- 19,2	- 2,5	+o,4	264,8	243,5	
												233,2	1
											o,4925 . . .		
6.XII. 1958	11	$22^{35}-8^{35}$	1	16,8	4,7	38,5	9,5	- 13,o	- 6,4	-2,7	251,9	229,8	
			2			38,3	7,8	- 11,5	- 36,5	+3,o	248,5	2o3,5	
			3			38,4	1o,2	- 13,5	+ 4,7	-2,8	25o,2	238,6	
			4			38,3	8,2	- 11,8	- 2,9	+2,9	25o,1	238,3	
												227,6	1o

дата	№	время наблюдения	№ маят.	t [°C]	p [Top]	a_H [']	a_K [']	ΔT_a	$\Delta T_{t,p}$	ΔT_c	T_{Ha}	T	$\Delta\tau$ [h]
											0,4925 . . .		
8.XII. 1958	12	$13^{10}-15^{10}$	1	16,9	4,4	38,9	30,1	− 30,8	− 5,7	−0,8	263,9	226,6	
			2			39,0	28,3	− 29,3	− 36,2	+0,8	271,5	206,8	
			3			40,0	30,2	− 31,9	+ 5,4	−1,8	265,8	237,5	
			4			37,0	28,5	− 27,8	− 2,4	+2,0	271,5	243,3	
												228,6	2
		$13^{10}-19^{10}$	1	16,9	4,4	38,9	18,4	− 20,5	− 5,7	−2,5	256,3	227,6	
			2			38,0	15,3	− 17,8	− 36,2	+1,0	260,9	207,9	
			3			40,0	17,2	− 20,2	+ 5,4	−2,0	259,2	242,4	
			4			37,0	16,0	− 17,4	− 2,4	+2,1	263,3	245,6	
												230,9	6
		$13^{10}-17^{24}$	1	16,9	4,4	38,9	22,6	− 23,9	− 5,7	−0,9	257,2	226,7	
			2			39,0	20,3	− 22,1	− 36,2	+0,9	263,2	205,8	
			3			40,0	21,9	− 29,2	+ 5,5	−2,2	261,1	235,2	
			4			34,0	20,5	− 20,9	− 2,3	+2,1	264,1	243,0	
												227,7	4
		$15^{10}-17^{24}$	1	16,9	4,4	30,1	22,6	− 18,0	− 5,7	−1,8	251,2	225,7	
			2			28,3	20,3	− 15,3	− 36,2	+1,8	255,6	205,9	
			3			30,2	21,9	− 17,5	+ 5,4	−1,7	257,5	243,7	
			4			28,5	20,5	− 15,5	− 2,4	+1,7	258,2	242,0	
												229,3	2
		$15^{14}-19^{10}$	1	16,9	4,4	29,9	18,4	− 14,8	− 5,7	−1,8	252,0	229,7	
			2			28,0	15,3	− 11,9	− 36,2	+1,6	255,4	208,9	
			3			29,6	17,2	− 14,0	+ 5,4	−1,7	244,8	234,5	
			4			28,3	16,0	− 12,5	− 2,4	+1,6	257,3	244,0	
												229,3	4
		$17^{24}-19^{10}$	1	16,8	4,4	22,6	18,4	− 11,0	− 5,7	−2,0	254,0	235,3	
			2			20,3	15,3	− 8,2	− 36,2	+1,9	255,5	213,0	
			3			21,9	17,2	− 9,9	+ 5,4	−2,0	254,9	248,4	
			4			20,5	16,0	− 8,6	− 2,4	+1,9	259,6	250,5	
												236,8	2

дата	№ наблюдения	время наблюдения	№ маят.	t [°C]	p [Top]	a_H [']	a_K [']	ΔT_a	$\Delta T_{t,p}$	ΔT_c	T_{Ha}	T	$\Delta\tau$ [h]
											o,4925 . . .		
8.XII. 1958	13	$19^{18}-22^{25}$	1	17,o	4,4	39,1	26,2	- 26,8	- 5,8	-o,9	258,9	225,4	
			2			38,6	25,2	- 26,2	- 36,2	+o,6	267,8	2o6,o	
			3			38,9	25,3	- 26,4	+ 5,5	-o,7	261,6	24o,o	
			4			38,8	24,3	- 25,6	- 2,3	+o,6	267,5	24o,2	
												227,9	3
											o,4925 . . .		
8.XII. 1958	14	$22^{35}-8^{35}$	1	17,o	4,6	39,1	11,2	- 14,7	- 5,9	-5,4	251,3	225,3	
			2			38,6	7,1	- 11,1	- 36,4	+8,3	252,3	213,1	
			3			38,7	9,5	- 13,1	+ 5,4	-2,2	251,4	241,5	
			4			38,7	8,o	- 11,9	- 2,6	+2,6	252,3	24o,4	
												23o,1	1o

дата	№	время наблюдения	№ маят.	t [°C]	p [Тор]	a_H [']	a_K [']	ΔT_a	$\Delta T_{t,p}$	ΔT_o	T_{Ha}	T	$\Delta\tau$ [h]
												o,4925 . . .	
9.XII. 1958	15	$13^{10}-15^{14}$	1	17,o	4,4	38,9	29,3	- 3o,1	- 5,7	-o,7	264,4	227,9	
			2			38,4	28,6	- 29,o	- 36,2	+o,4	276,1	211,3	
			3			38,5	28,7	- 29,2	+ 5,5	-o,2	27o,3	246,4	
			4			38,4	28,6	- 29,o	- 2,3	o,o	278,8	247,5	
												233,3	2
		$13^{10}-17^{14}$	1	17,o	4,4	38,9	23,6	- 24,9	- 5,7	-1,5	257,9	225,8	
			2			38,4	2o,9	- 22,3	- 36,2	+1,7	268,4	211,6	
			3			38,5	22,3	- 23,4	+ 5,5	-o,8	267,o	248,3	
			4			38,4	21,1	- 22,5	- 2,3	+o,8	268,7	244,7	
												232,6	4
		$13^{14}-19^{10}$	1	17,o	4,5	38,4	18,4	- 2o,1	- 5,8	-3,o	256,o	227,1	
			2			38,1	15,1	- 17,1	- 36,3	+2,7	264,1	213,4	
			3			38,2	17,2	- 19,o	+ 5,2	-1,5	26o,3	245,o	
			4			37,9	15,6	- 17,5	- 2,4	+1,4	265,o	246,5	
												233,o	6
		$15^{14}-17^{14}$	1	17,o	4,4	29,3	23,6	- 18,2	- 5,7	-2,4	251,2	224,9	
			2			28,6	2o,9	- 15,8	- 36,2	+1,8	26o,5	21o,3	
			3			28,7	22,3	- 16,9	+ 5,5	-o,9	263,5	251,2	
			4			28,6	21,1	- 16,o	- 2,3	+o,7	259,2	241,6	
												232,o	2
		$15^{14}-19^{10}$	1	17,o	4,5	29,3	18,4	- 14,6	- 5,8	-3,5	252,5	228,6	
			2			28,6	15,1	- 12,1	- 36,3	+2,9	258,9	213,4	
			3			28,7	17,2	- 13,3	+ 5,4	-1,5	256,1	246,7	
			4			28,6	15,6	- 12,4	- 2,4	+1,3	259,1	245,6	
												233,6	4
		$17^{14}-19^{10}$	1	17,o	4,4	23,6	18,4	- 12,2	- 5,7	-4,8	253,9	231,2	
			2			2o,9	15,1	- 8,4	- 36,2	+4,1	257,3	216,8	
			3			23,3	17,2	- 1o,2	+ 5,5	-2,o	248,4	241,7	
			4			21,1	15,6	- 6,7	- 2,3	+2,1	259,o	252,1	
												235,4	2

дата	№	время наблюдения	№ маят.	t [°C]	p [Тор]	a_H [']	a_K [']	ΔT_a	$\Delta T_{t,p}$	ΔT_c	T_{Ha}	T	$\Delta\tau$ [h]
												o,4925 . . .	
9.XII. 1958	16	$19^{55}-22^{19}$	1	16,9	4,7	38,5	27,8	- 27,3	- 6,8	-3,4	261,8	224,3	
			2			38,5	26,4	- 27,3	- 36,6	+3,6	273,1	212,8	
			3			38,6	27,4	- 28,1	+ 4,6	-1,7	266,8	241,6	
			4			38,4	26,6	- 27,5	- 2,9	+1,8	271,6	243,o	
												23o,4	3
												o,4925 . . .	
1o.XII. 1958	17	$17^{14}-21^{15}$	1	17,1	4,5	38,4	23,4	- 25,3	- 5,8	-2,1	266,o	232,8	
			2			38,4	21,o	- 22,3	- 36,o	+2,1	272,6	215,9	
			3			38,6	22,o	- 23,3	+ 5,4	-o,4	256,5	238,2	
			4			38,6	21,3	- 22,7	- 3,4	+o,4	257,5	231,8	
												229,9	4
		$17^{14}-22^{15}$	1	17,1	4,5	38,4	21,4	- 23,3	- 5,8	-2,6	262,9	231,2	
			2			38,4	17,9	- 19,8	- 36,o	+2,9	268,6	215,7	
			3			38,6	19,2	- 21,o	+ 5,4	-o,8	253,1	236,7	
			4			38,6	18,1	- 20,o	- 3,4	+o,8	253,5	230,9	
												228,6	5
		$21^{15}-22^{15}$	1	17,1	4,5	23,4	21,4	- 13,4	- 6,4	-4,3	25o,6	226,5	
			2			21,o	17,9	- 9,9	- 37,o	+5,3	252,3	21o,7	
			3			22,o	19,2	- 11,o	+ 4,9	-1,2	239,4	232,1	
			4			21,3	18,1	- 1o,1	- 2,8	+1,3	237,4	225,8	
												223,8	1
												o,4925 . . .	
1o.XII. 1958	18	$22^{52}-8^{35}$	1	17,o	4,8	37,7	11,3	- 13,3	- 6,4	-4,3	254,9	23o,9	
			2			37,6	7,9	- 1o,8	- 37,o	+6,2	254,6	213,o	
			3			37,7	9,o	- 12,8	+ 4,9	-o,1	251,2	243,2	
			4			38,2	8,8	- 12,2	- 2,8	o,o	248,6	233,6	
												23o,2	1o

			t [°C]	p [Top]	a_H [']	a_K [']	ΔT_a	$\Delta T_{t,p}$	ΔT_c	T_{Ha}	T	$\Delta\tau$ [h]
											o,4925 . . .	
11.XII. 19 1958	13^{10}–15^{09}	1	17,o	4,7	4o,2	31,2	– 33,2	– 6,4	–1,o	265,4	224,8	
		2			39,9	29,5	– 31,2	– 36,8	+o,7	281,1	213,8	
		3			4o,o	3o,5	– 32,3	+ 4,9	–o,6	268,3	24o,3	
		4			39,8	29,6	– 3o,6	– 2,8	+o,4	278,2	245,2	
											231,o	2
	13^{10}–17^{10}	1	17,o	4,8	4o,2	24,7	– 28,5	– 6,4	–3,2	26o,3	222,2	
		2			39,9	2o,4	– 22,9	– 36,9	+2,6	272,4	215,2	
		3			4o,o	22,9	– 25,2	+ 4,8	–1,3	262,1	24o,4	
		4			39,8	21,1	– 23,5	– 2,9	+1,1	269,6	244,3	
											23o,5	4
	15^{14}–17^{10}	1	17,o	4,8	3o,8	24,7	– 2o,o	– 6,4	–4,o	252,7	222,3	
		2			29,o	2o,4	– 15,8	– 36,9	+3,1	26o,8	211,2	
		3			3o,1	22,9	– 18,3	+ 4,8	–1,7	253,5	238,3	
		4			29,1	21,1	– 16,4	– 2,9	+1,5	259,o	241,2	
											228,2	2

София II

	дата	№	время наблюдения	№ маят.	t [°C]	p [Tor]	a_H [']	a_K [']	ΔT_a	$\Delta T_{t,p}$	ΔT_c	T_{Ha}	T	$\Delta\tau$ [h]
													0,4927 . . .	
	2.I. 1959	1	$20^{19}-22^{19}$	1	17,8	9,0	39,5	29,7	− 31,0	− 13,0	−0,2	837,1	792,9	
				2			39,3	29,3	− 30,5	− 44,0	+0,3	837,5	763,3	
				3			39,3	29,6	− 30,7	− 0,5	−0,2	824,4	793,0	
				4			39,5	28,8	− 30,2	− 8,5	+0,1	833,2	794,6	
γ_{12} = 18,8													786,0	2
γ_{34} = 19,7			$20^{19}-23^{16}$	1	17,9	9,1	39,5	25,7	− 27,3	− 13,0	−0,1	833,8	793,4	
				2			39,3	25,5	− 27,0	− 44,3	+0,1	834,1	762,9	
				3			39,3	25,7	− 21,1	− 0,6	−0,3	820,8	798,8	
				4			39,5	24,7	− 26,4	− 8,5	+0,3	829,7	795,1	
													787,6	3
			$22^{19}-23^{16}$	1	17,9	9,1	29,7	25,7	− 20,0	− 13,0	−0,2	826,9	793,7	
				2			29,3	25,5	− 19,5	− 44,3	+0,2	826,9	763,3	
				3			29,6	25,7	− 20,0	− 0,6	−0,7	813,3	792,0	
				4			28,8	24,7	− 18,6	− 8,5	+0,5	822,4	795,8	
													786,2	1
													0,4927 . . .	
	3.I. 1959	2	$16^{44}-20^{17}$	1	17,6	8,4	39,6	24,3	− 26,2	− 12,1	−0,3	828,1	789,5	
				2			39,4	23,7	− 25,5	− 42,9	+0,3	830,9	762,8	
				3			39,4	23,6	− 25,3	+ 0,1	0,0	820,1	794,9	
				4			39,6	23,5	− 25,4	− 6,9	0,0	825,7	793,4	
													785,2	4

дата	№	время наблюдения	№ маят.	t [°C]	p [Тор]	a_H [']	a_K [']	ΔT_a	$\Delta T_{t,p}$	ΔT_c	T_{Ha}	T	$\Delta\tau$ [h]
											o,4927 . . .		
3.I. 1959	3	$2o^{41}-22^{19}$	1	18,2	8,4	39,4	31,6	- 32,8	- 12,o	-o,2	844,1	799,1	
			2			39,2	31,1	- 32,2	- 45,6	+o,2	843,1	767,5	
			3			39,3	31,1	- 32,2	+ o,7	-o,1	832,1	8oo,5	
			4			39,4	3o,6	- 31,8	- 7,6	+o,1	84o,9	8o1,6	
												792,2	2
		$2o^{41}-23^{19}$	1	18,2	8,4	39,4	27,3	- 28,7	- 12,o	-o,3	833,6	792,6	
			2			39,2	26,6	- 27,9	- 43,6	+o,3	838,4	767,2	
			3			39,3	26,8	- 28,2	+ o,7	-o,2	826,9	799,2	
			4			39,4	26,1	- 27,2	- 7,6	+o,2	836,9	798,3	
												789,3	3
		$22^{19}-23^{15}$	1	18,3	8,4	31,6	27,6	- 22,7	- 12,o	-o,3	825,3	79o,3	
			2			31,1	27,2	- 22,1	- 43,8	+o,3	83o,o	764,4	
			3			31,1	27,4	- 21,9	+ o,7	-o,4	82o,3	798,7	
			4			3o,6	26,5	- 21,4	- 7,5	+o,3	822,8	794,2	
												786,9	1
											o,4927 . . .		
5.I. 1959	4	$15^{14}-18^{1o}$	1	17,5	7,2	39,6	26,4	- 28,o	- 1o,4	-o,2	826,5	787,9	
			2			39,6	25,9	- 27,6	- 41,5	+o,2	829,3	76o,4	
			3			39,6	25,8	- 27,5	+ 1,5	o,o	815,o	789,o	
			4			39,8	25,6	- 27,5	- 6,3	o,o	82o,1	786,3	
												78o,9	3

дата	№	время наблюдения	№ маят.	t [°C]	p [Top]	a_H [']	a_K [']	ΔT_a	$\Delta T_{t,p}$	ΔT_c	T_{Ha}	T	$\Delta\tau$ [h]
											o,4927 . . .		
5.I. 1959	5	20^{27}–23^{4o}	1	18,1	6,o	39,1	25,3	- 26,6	- 8,5	-o,3	821,1	785,7	
			2			38,8	24,5	- 25,7	- 40,4	+o,3	824,8	759,o	
			3			38,8	24,2	- 25,4	+ 3,8	o,o	816,2	794,6	
			4			39,o	24,2	- 25,9	- 4,5	o,o	82o,5	79o,1	
												782,4	3
											o,4927 . . .		
5.I. 1959	6	23^{54}–$1o^{14}$	1	17,8	8,o	39,3	9,3	- 13,2	- 11,3	-o,1	817,5	792,9	
			2			39,2	7,7	- 11,8	- 42,5	+1,8	82o,8	768,3	
			3			39,2	7,9	- 12,o	+ 1,o	-o,2	814,2	8o2,9	
			4			39,3	7,7	- 11,9	- 7,1	+o,2	815,1	796,3	
												79o,1	1o
											o,4927 . . .		
6.I. 1959	7	14^{14}–16^{21}	1	17,9	8,3	39,6	29,o	- 3o,5	- 11,9	-o,1	832,8	79o,3	
			2			39,7	28,8	- 3o,o	- 43,3	o,o	842,4	769,1	
			3			39,8	28,9	- 3o,5	+ o,4	-o,2	83o,5	8oo,2	
			4			39,8	28,4	- 3o,1	- 7,7	+o,1	837,2	799,5	
												789,8	2
		14^{14}–18^{18}	1	17,9	8,5	39,6	21,8	- 23,9	- 12,1	-o,4	825,1	788,7	
			2			39,7	21,1	- 23,4	- 42,3	+o,2	832,6	767,1	
			3			39,8	21,7	- 23,8	- o,3	-o,7	82o,7	795,9	
			4			39,8	2o,2	- 23,7	- 7,8	+o,7	826,3	796,5	
												787,o	4
		16^{23}–18^{18}	1	18,o	8,8	28,8	21,8	- 16,5	- 12,7	-o,5	824,o	794,3	
			2			28,6	21,1	- 16,o	- 44,1	+o,2	829,8	769,9	
			3			28,7	21,7	- 16,5	- o,3	-1,o	817,9	8oo,1	
			4			28,o	2o,2	- 15,o	- 8,4	+o,9	822,5	8oo,o	
												791,1	2

дата	№	время наблюдения	№ маят.	t [°C]	p [Тор]	a_H [']	a_K [']	ΔT_a	$\Delta T_{t,p}$	ΔT_c	T_{Ha}	T	$\Delta\tau$ [h]
											o,4927 . . .		
7.I. 1959	8	14^{1o}–16^{1o}	1	17,9	6,8	4o,o	3o,1	− 31,9	− 9,5	−o,2	832,o	79o,4	
			2			39,9	29,8	− 31,4	− 4o,9	+o,1	84o,o	767,8	
			3			39,9	29,6	− 31,3	+ 2,7	+o,1	831,5	8o3,o	
			4			4o,o	29,8	− 31,6	− 5,4	−o,1	834,4	797,3	
												789,6	2
		14^{1o}–18^{11}	1	18,o	7,4	4o,o	23,o	− 25,3	− 1o,4	−o,4	823,3	787,2	
			2			39,9	22,o	− 24,2	− 41,9	+o,4	83o,8	765,1	
			3			39,9	21,4	− 23,8	+ 2,o	+o,3	821,2	799,7	
			4			4o,o	22,o	− 24,1	− 6,1	−o,4	824,8	794,2	
												786,6	4
		14^{1o}–$2o^{15}$	1	18,o	7,4	4o,o	17,1	− 2o,1	− 1o,6	−o,9	819,4	788,o	
			2			39,9	15,8	− 18,9	− 41,9	+o,6	826,1	765,9	
			3			39,9	16,o	− 19,1	+ 2,o	o,o	817,1	8oo,o	
			4			4o,o	16,o	− 19,1	− 6,1	−o,1	819,4	794,1	
												787,o	6
		16^{1o}–18^{11}	1	18,o	7,4	3o,1	23,o	− 18,3	− 1o,4	−o,6	814,7	785,4	
			2			29,8	22,o	− 17,4	− 41,9	+o,5	821,7	762,9	
			3			29,6	21,4	− 16,8	+ 2,o	+o,8	811,1	797,1	
			4			29,8	22,o	− 17,4	− 6,1	−o,4	815,4	791,5	
												784,2	2
		16^{14}–$2o^{15}$	1	18,1	7,4	29,9	17,1	− 14,1	− 1o,6	−1,o	812,6	786,9	
			2			29,4	15,8	− 12,9	− 41,9	+o,7	818,6	764,5	
			3			29,o	16,o	− 12,8	+ 2,o	+o,1	8o9,4	798,7	
			4			29,5	16,o	− 13,1	− 6,1	−o,2	811,6	792,2	
												785,6	4
		18^{11}–$2o^{15}$	1	18,1	7,5	23,o	17,1	− 1o,5	− 1o,6	−o,4	811,7	79o,2	
			2			22,o	15,8	− 9,2	− 41,9	+o,9	816,6	766,4	
			3			21,4	16,o	− 9,o	+ 2,o	+o,2	8o8,7	8o1,9	
			4			22,o	16,o	− 9,3	− 6,1	−o,3	8o9,1	793,4	
												788,o	2

дата	№	время наблюдения	№ маят.	t [°C]	p [Тор]	a_H [']	a_K [']	ΔT_a	$\Delta T_{t,p}$	ΔT_o	T_{Ha}	T	$\Delta\tau$ [h]
											o,4927	. . .	
7.I. 1959	9	23^{40} – 9^{53}	1	18,o	8,3	4o,o	9,9	– 14,o	– 11,9	–2,o	813,8	785,9	
			2			39,9	7,6	– 12,1	– 43,5	+3,o	819,7	767,1	
			3			39,9	9,4	– 13,6	+ o,5	–1,o	812,9	798,8	
			4			39,9	8,3	– 12,7	– 7,5	+1,o	814,5	795,3	
												786,8	1o

дата	№	время наблюдения	№ маят.	t [°C]	p [Тор]	a_H [']	a_K [']	ΔT_a	$\Delta T_{t,p}$	ΔT_c	T_{Ha}	T	$\Delta \tau$ [h]
												o,4927 . . .	
8.I. 1959	1o	$14^{44}-16^{12}$	1	17,9	8,1	39,5	31,9	- 33,o	- 11,7	-o,2	83o,5	785,6	
			2			39,4	31,2	- 32,4	- 43,1	+o,2	845,9	77o,6	
			3			39,5	31,3	- 32,4	+ o,6	o,o	833,8	8o2,o	
			4			39,4	31,4	- 35,5	- 7,6	o,o	832,9	789,8	
												787,o	2
		$14^{44}-18^{42}$	1	17,9	8,3	39,5	22,8	- 24,7	- 11,9	-o,4	821,5	784,5	
			2			39,4	21,o	- 22,9	- 43,3	+o,4	836,3	77o,5	
			3			39,5	21,3	- 23,4	+ o,4	o,o	825,2	8o2,2	
			4			39,4	21,5	- 23,5	- 7,8	o,o	823,4	792,1	
												787,3	4
		$14^{42}-2o^{11}$	1	18,o	8,4	39,5	19,2	- 21,2	- 11,9	-2,3	817,5	782,1	
			2			39,4	15,8	- 18,6	- 43,4	+o,8	83o,6	769,4	
			3			39,5	16,7	- 19,3	+ o,5	+o,3	819,9	8o1,4	
			4			39,4	17,3	- 19,9	- 7,7	-o,4	818,2	79o,2	
												785,8	6
		$16^{12}-18^{42}$	1	18,o	8,3	31,9	22,8	- 19,3	- 11,9	-o,5	816,3	784,6	
			2			31,2	21,o	- 17,5	- 43,4	+1,o	83o,7	77o,8	
			3			31,3	21,3	- 17,8	+ o,5	+o,1	82o,2	8o3,o	
			4			31,4	21,5	- 18,o	- 7,7	-o,1	817,8	792,o	
												787,6	2
		$16^{12}-2o^{11}$	1	18,1	8,3	31,9	19,2	- 16,8	- 11,9	-o,2	814,o	785,1	
			2			31,2	15,8	- 13,9	- 43,4	+o,7	824,9	768,3	
			3			31,3	16,7	- 14,6	+ o,5	+o,3	814,1	8oo,3	
			4			31,4	17,3	- 16,8	- 7,7	-o,3	812,6	787,8	
												785,4	4
		$18^{42}-2o^{11}$	1	18,2	8,6	22,8	19,2	- 11,5	- 12,2	-2,o	8o5,9	78o,2	
			2			21,o	15,8	- 8,8	- 43,9	+2,o	814,6	763,9	
			3			21,3	16,7	- 9,4	+ o,7	+o,4	8o4,9	796,6	
			4			21,5	17,3	- 9,7	- 7,8	-o,5	8o3,9	785,9	
												781,6	2

дата	№	время наблюдения	№ маят.	t [°C]	p [Top]	a_H [']	a_K [']	ΔT_a	$\Delta T_{t,p}$	ΔT_c	T_{Ha}	T	$\Delta\tau$ [h]
											o,4927 . . .		
8.I. 1959	11	$2o^{19}-22^{15}$	1	18,2	8,8	39,6	29,6	- 31,o	- 12,7	-o,4	82o,5	776,4	
			2			39,3	29,o	- 3o,2	- 44,4	+o,2	835,8	761,4	
			3			39,4	29,o	- 3o,4	+ o,1	o,o	825,5	795,2	
			4			39,4	29,o	- 3o,4	- 8,3	o,o	824,4	785,7	
												779,7	2
		$22^{15}-23^{16}$	1	18,2	8,8	29,6	25,8	- 2o,o	- 12,7	-o,7	815,6	782,2	
			2			29,o	24,2	- 18,4	- 44,4	+o,5	827,1	764,8	
			3			29,o	24,7	- 18,7	- o,1	o,o	815,2	796,4	
			4			29,o	24,4	- 18,5	- 8,3	+o,1	816,5	789,8	
												783,3	1
		$2o^{19}-23^{2o}$	1	18,2	8,8	39,6	25,6	- 27,3	- 12,7	-o,8	819,7	778,9	
			2			39,3	24,o	- 25,6	- 44,4	+o,5	833,7	764,2	
			3			39,4	24,5	- 26,1	+ o,1	-o,1	823,7	797,6	
			4			39,4	24,1	- 25,7	- 8,3	+o,1	823,2	789,3	
												782,5	3
											o,4927 . . .		
8.I. 1959	12	$23^{4o}- 9^{39}$	1	18,4	9,o	38,8	1o,3	- 13,8	- 12,8	-4,o	811,8	781,2	
			2			38,5	6,o	- 1o,1	- 44,7	+5,o	822,4	772,6	
			3			38,5	8,o	- 11,7	- o,2	+o,5	814,4	8o3,o	
			4			38,8	8,1	- 12,o	- 8,2	-o,5	815,o	794,3	
												787,8	1o

дата	№	время наблюдения	№ маят.	t [°C]	p [Тор]	a_H [']	a_K [']	ΔT_a	$\Delta T_{t,p}$	ΔT_c	T_{Ha}	T	$\Delta\tau$ [h]
											0,4927 . . .		
9.I. 1959	13	20^{30}–22^{19}	1	18,7	6,0	39,6	30,6	− 32,1	− 8,6	−0,5	818,6	777,4	
			2			39,3	29,8	− 30,9	− 41,1	+1,0	836,8	765,8	
			3			39,4	29,9	− 31,1	+ 4,7	0,0	825,8	799,4	
			4			39,4	29,9	− 31,1	− 3,9	0,0	833,5	798,5	
												785,3	2
		20^{30}–23^{19}	1	18,7	6,0	39,6	26,5	− 28,2	− 8,6	−0,7	819,9	782,4	
			2			39,3	25,5	− 25,7	− 41,1	+1,0	837,4	771,6	
			3			39,4	26,8	− 28,2	+ 4,7	−0,5	826,0	802,0	
			4			39,4	25,7	− 27,3	− 3,9	+0,4	834,5	803,7	
												789,9	3
		22^{15}–23^{15}	1	18,7	6,0	31,0	26,9	− 21,9	− 8,6	−0,9	816,7	785,3	
			2			30,1	25,9	− 20,4	− 41,1	+0,3	833,4	772,2	
			3			30,2	25,8	− 20,4	+ 4,7	−0,1	821,8	806,0	
			4			30,2	26,0	− 20,7	− 3,9	0,0	829,2	804,6	
												791,9	1

ТАБЛИЦА IV

Средние редуцированные периоды качания маятников по болгарским измерениям

С о ф и я I

№ изм.	p'	T_1	v_1	Δ_{21}	T_2	v_2	T_3	v_3	Δ_{43}	T_4	v_4	T_{12}	v_{12}	Δ_{43-21}	T_{34}	v_{34}
	T o,4927 . . .															
1	8,o	79o,32	-1,64	-24,59	765,73	-1,53	796,65	- o,63	-8,38	788,27	- 5,67	778,o2	-1,59	+14,44	792,46	-3,15
2	4,o	789,o2	-2,94	-24,74	764,28	-2,98	797,o2	- o,26	-7,3o	789,72	- 4,22	776,65	-2,96	+16,72	793,37	-2,24
3	1o,o	792,3o	+o,34	-24,6o	767,7o	+o,44	799,1o	+ 1,82	-5,2o	793,9o	- o,o4	78o,oo	+o,39	+16,5o	796,5o	+o,89
4	1o,o	792,85	+o,89	-25,o7	767,78	+o,52	798,51	+ 1,23	-3,o3	795,48	+ 1,54	78o,32	+o,71	+16,68	797,oo	+1,39
5	4,o	79o,47	-1,49	-22,15	768,32	+1,o6	798,6o	+ 1,32	-3,38	795,22	+ 1,28	779,4o	-o,21	+17,51	796,91	+1,3o
6	1o,o	79o,2o	-1,76	-21,5o	768,7o	+1,44	797,9o	+ o,62	-4,7o	793,2o	- o,74	779,45	-o,16	+16,1o	795,55	-o,o6
7	8,o	797,94	+5,98	-27,71	77o,23	+2,97	8o1,58	+ 4,3o	-2,32	799,26	+ 5,32	784,o8	+4,47	+16,34	8oo,42	+4,81
8	4,o	797,92	+5,96	-23,89	774,o3	+6,77	8o3,93	+ 6,65	+1,47	8o5,4o	+11,46	785,98	+6,37	+18,68	8o4,66	+9,o5
9	8,o	792,47	+o,51	-24,82	767,65	+o,39	8o2,87	+ 5,59	-5,o7	797,8o	+ 3,86	78o,o6	+o,45	+2o,26	8oo,32	+4,71
1o	4,o	798,37	+6,41	-21,65	776,72	+9,46	8o2,48	+ 5,2o	-8,18	794,3o	+ o,36	787,54	+7,93	+1o,85	798,39	+2,78
11	2,7	789,92	-2,o4	-24,24	765,68	-1,58	783,82	-13,46	+6,3o	79o,12	- 3,82	777,8o	-1,81	+ 9,17	786,97	-8,64
12	1o,o	789,8o	-2,16	-23,3o	766,5o	-o,76	785,6o	-11,68	+6,oo	791,6o	- 2,34	778,15	-1,46	+1o,45	788,6o	-7,o1
13	5,3	788,6o	-3,36	-27,88	76o,72	-6,54	794,48	- 2,8o	-o,58	793,9o	- o,o4	774,66	-4,95	+19,53	794,19	-1,42
14	1o,o	781,7o	-o,26	-27,3o	764,4o	-2,86	798,6o	+ 1,32	-6,1o	792,5o	- 1,44	778,o5	-1,56	+17,5o	795,55	-o,o6
15	4,5	788,16	-3,8o	-25,46	762,7o	-4,56	795,79	- 1,49	-6,96	788,83	- 5,11	775,43	-4,18	+16,88	792,31	-3,3o
	1o2,5	791,96	±o,79	-24,7o	767,26	±o,87	797,28	± 1,36	-3,34	793,94	± 1,o2	779,61	±o,79	+16,oo	795,61	±1,o6

Потсдам

№ изм.	p'	T_1	v_1	Δ_{21}	T_2	v_2	T_3	v_3	Δ_{43}	T_4	v_4	T_{12}	v_{12}	Δ_{43-21}	T_{34}	v_{34}
	T o,4925 . . .															
1	1o,o	225,33	−4,85	−2o,33	2o5,oo	−3,8o	242,13	+ 1,99	−2,3o	239,83	+ o,86	215,16	−4,33	+25,82	24o,98	+1,42
2	5,7	237,3o	+7,12	−29,21	2o8,o9	−o,71	237,9o	− 2,24	−5,95	231,95	− 7,o2	222,69	+3,2o	+12,23	234,92	−4,64
3	3,3	234,32	+4,14	−29,56	2o4,76	−4,o4	236,68	− 3,46	−6,84	229,84	− 9,13	219,54	+o,o5	+13,72	233,26	−6,3o
4	1o,o	235,6o	+5,42	−27,18	2o8,42	−o,38	239,2o	− o,94	+o,74	239,94	+ o,97	222,o1	+2,52	+17,56	239,57	+o,o1
5	1o,o	234,8o	−4,62	−3o,7o	2o4,1o	−4,7o	239,4o	− o,74	−1,5o	237,9o	− 1,o7	219,45	−o,o4	+19,2o	238,65	−o,91
6	8,o	229,66	−o,52	−26,47	2o3,19	−5,61	236,89	− 3,25	−o,o6	236,83	− 2,14	216,42	−3,o7	+2o,44	236,86	−2,7o
7	4,o	227,75	−2,43	−19,7o	2o8,o5	−o,75	235,55	− 4,59	+o,88	236,43	− 2,54	217,9o	−1,59	+18,o9	235,99	−3,57
8	1o,o	238,5o	+8,32	−24,7o	213,8o	+5,oo	244,1o	+ 3,96	+1,2o	245,3o	+ 6,33	226,15	+6,66	+21,55	244,7o	+5,14
9	1o,o	227,83	−2,35	−21,65	2o6,18	−2,62	237,86	− 2,28	−o,o3	237,83	− 1,14	217,oo	−2,49	+2o,84	237,84	−1,72
1o	3,o	224,53	−5,65	−13,8o	21o,73	+1,93	238,65	− 1,49	−o,48	238,17	− o,8o	217,63	−1,86	+2o,78	238,41	−1,15
11	1o,o	229,8o	−o,38	−26,3o	2o3,5o	−5,3o	238,5o	− 1,64	−o,2o	238,3o	− o,67	216,65	−2,84	+21,75	238,4o	−1,16
12	3,o	225,5o	−4,68	−19,5o	2o6,oo	−2,8o	24o,oo	− o,14	+o,2o	24o,2o	+ 1,23	215,75	−3,74	+24,35	24o,1o	+o,54
13	1o,o	225,3o	−4,88	−12,2o	213,1o	+4,3o	241,5o	+ 1,36	−1,1o	24o,4o	+ 1,43	219,2o	−o,29	+21,75	24o,95	+1,39
14	8,o	228,32	−1,86	−2o,36	2o7,96	−o,84	239,62	− o,52	+5,31	244,93	+ 5,96	218,14	−1,35	+24,14	242,28	+2,79
15	8,o	227,41	−2,77	−14,55	212,86	+4,o6	246,64	+ 6,5o	−o,51	246,13	+ 7,16	22o,14	+o,65	+26,24	246,38	+6,82
16	3,o	224,3o	−5,88	−11,5o	212,8o	+4,oo	241,6o	+ 1,46	+1,4o	243,oo	+ 4,o3	218,55	−o,94	+23,75	242,3o	+2,74
17	6,6	231,37	+1,19	−16,o9	215,28	+6,48	236,84	− 3,3o	−6,o9	23o,75	− 8,22	223,32	+3,83	+1o,48	233,8o	−5,76
18	1o,o	23o,9o	+o,72	−17,9o	213,oo	+4,2o	243,2o	+ 3,o6	−9,6o	233,6o	− 5,37	221,95	+2,46	+16,45	238,4o	−1,16
19	4,o	222,88	−7,3o	− 9,o3	213,85	+5,o5	239,85	− o,29	+3,9o	243,75	+ 4,78	218,36	−1,13	+23,44	241,8o	+2,24
	136,6	23o,18	±1,o4	−21,38	2o8,8o	±o,91	24o,14	±o,66	−1,17	238,97	± o,98	219,49	±o,7o	+2o,o7	239,56	±o,76

София II

№ изм.	p'	T_1	v_1	Δ_{21}	T_2	v_2	T_3	v_3	Δ_{43}	T_4	v_4	T_{12}	v_{12}	Δ_{43-21}	T_{34}	v_{34}
	T o,4927 . . .															
1	4,o	793,28	+6,48	-3o,18	763,1o	-3,9o	795,73	- 3,63	-o,68	795,o5	+ 1,2o	778,19	+1,29	+17,2o	795,39	-1,21
2	4,o	789,5o	+2,7o	-26,7o	762,8o	-4,2o	794,9o	- 4,46	-1,5o	793,4o	- o,45	776,15	-o,75	+18,oo	794,15	-2,45
3	3,o	794,38	+7,58	-27,55	766,83	-o,17	799,55	+ o,19	-o,83	798,72	+ 4,87	78o,6o	+3,7o	+18,54	799,14	+2,54
4	3,o	787,9o	+1,1o	-27,5o	76o,4o	-6,6o	789,oo	-1o,36	-2,7o	786,3o	- 7,55	774,15	-2,75	+13,5o	787,65	-8,95
5	3,o	785,7o	-1,1o	-26,7o	759,oo	-8,oo	794,6o	- 4,76	-4,5o	79o,1o	- 3,75	772,35	-4,55	+2o,oo	792,35	-4,25
6	1o,o	792,9o	+6,1o	-24,6o	768,3o	+1,3o	8o2,9o	+ 3,54	-6,6o	796,3o	+ 2,45	78o,6o	+3,7o	+19,oo	799,6o	+3,oo
7	4,o	79o,5o	+3,7o	-22,2o	768,3o	+1,3o	798,o2	- 1,34	+o,1o	798,12	+ 4,27	779,4o	+2,5o	+18,67	798,o7	+1,47
8	8,o	787,82	+1,o2	-22,42	765,4o	+1,6o	799,88	+ o,52	-6,15	793,73	- o,12	776,61	-o,29	+2o,19	796,8o	+o,2o
9	1o,o	785,9o	-o,9o	-18,8o	767,1o	+o,1o	798,8o	- o,56	-3,5o	795,3o	+ 1,45	776,5o	-o,4o	+2o,55	797,o5	+o,45
1o	1o,o	783,59	-3,21	-14,48	769,11	-2,11	8o1,o8	+ 1,72	-11,27	789,81	- 4,o4	776,35	-o,55	+19,o9	795,44	-1,16
11	4,o	778,62	-8,18	-15,o7	763,55	-3,45	796,6o	- 2,76	-8,44	788,16	- 5,69	771,o3	-5,82	+21,35	792,38	-4,22
12	1o,o	781,2o	-5,6o	- 8,6o	772,6o	+5,5o	8o3,oo	+ 3,64	-8,7o	794,3o	+ o,45	776,9o	o,oo	+21,75	798,65	+2,o5
13	2,4	781,22	-5,58	-11,45	769,77	+2,77	8o1,73	+ 2,37	+o,39	8o2,12	+ 8,27	775,5o	-1,4o	+26,42	8o1,92	+5,32
	75,4	786,8o	±1,34	-19,8o	767,oo	±1,o1	799,36	± o,98	-5,51	793,85	± 1,1o	776,9o	±o,7o	+19,7o	796,6o	±o,84

TABELLE V — ТАБЛИЦА V

Schweredifferenzen — Разности тяжестей

Schweredifferenzen – Разности тяжести

Deutsche Messungen – Немецкие измерения

Pendelpaar	A_{12}	A_{34}	B_{12}	B_{34}
$T\ 10^{-7}s$	5070 ...		5082 ...	
Potsdam I	004.61±0.23	007.29±0.22	005.84±0.17	001.24±0.34
Sofia	2633.36±0.26	2636.37±0.21	2642.80±0.30	2639.16±0.55
Potsdam IIa	005.09±0.35	007.68±0.21	006.88±0.23	002.09±0.53
Potsdam IIb	007.85±0.16	009.63±0.25	008.09±0.22	003.11±0.64
Potsdam	004.85±0.17	007.49±0.25	006.38±0.14	001.72±0.26
$T_P - T_S$	−2628.51±0.31	−2628.88±0.25	−2636.29±0.30	−2637.36±0.65
$g_P - g_S$ mGal	1016.68±0.12	1016.83±0.10	1017.28±0.12	1017.70±0.25
		1016.97±0.17		

Bulgarische Messungen – Болгарские измерения

Пара Маятников	12	34
$T\ 10^{-7}C$	4925 ...	
София I	2779.61±0.79	2795.61±1.06
Потсдам	219.49±0.70	239.56±0.76
Софил II	2776.90±0.70	2796.60±0.84
София	2778.46±0.53	2796.03±0.65
$T_П - T_C$	−2558.97±0.88	−2556.47±1.00
$g_П - g_C$ мгал	1018.67±0.35	1017.65±0.40
	1018.23±0.38	

Gemeinsames Endergebnis:
Совместный окончательный результат: 1017.03±0.19 mGal

Schwerewert in Sofia:
Значение силы тяжести в Софии: 980 258.14±0.19 mGal

FSC
www.fsc.org
MIX
Papier | Fördert gute Waldnutzung
FSC® C083411

Kolibri 360 GmbH
Ferdinand-Jühlke-Straße 7
99095 Erfurt, Deutschland
produktsicherheit@kolibri360.de